Nomen

Ordne die Nomen.

die Zukunft	die Möwe	die Vase	der Tee
die Freiheit	der Fuchs	die Nuss	der Pilz
der Donner	das Glück	die Brille	der Arzt
die Schärfe	die Kirche	das Blatt	der Duft
der Wecker	die Gefahr	der Spaß	der Müll
der Gesang	das Gebell	der Stuhl	das Reh
das Messer	der Hunger	der Durst	das Lied
der Gestank	der Geruch	der Fluss	die Qual
der Schmerz	der Frieden	der Käfer	der Detektiv

Konkrete Nomen Menschen, Tiere, Pflanzen, Dinge

 die Vase
 das Reh
 der Tee
 der Müll
 der Fuchs
 der Pilz

 die Nuss
 die Brille
 der Stuhl
 das Blatt
 der Arzt
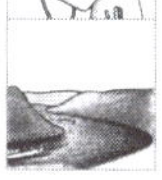 der Fluss

 die Kirche
 der Detektiv
 die Möwe
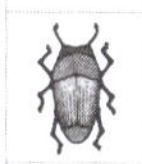 der Käfer
 das Messer
 der Wecker

Abstrakte Nomen Man kann es nur hören, riechen, schmecken, fühlen oder sich vorstellen.

die Zukunft
das Glück
die Gefahr
das Gebell
der Gestank
der Schmerz

die Freiheit
die Schärfe
der Spaß
der Hunger
der Geruch
der Frieden

der Donner
der Duft
der Gesang
der Durst
die Qual
das Lied

Nomen

Ordne die Nomen.

die Spritze	die Angst	die Hitze	die Uhr
die Wärme	der Teller	der Fleiß	die Kuh
die Melodie	der Löffel	die Kälte	die Wut
die Heizung	die Tasse	der Lärm	der Igel
das Gejaule	die Tanne	der Käfig	der Ball
der Schreck	die Kanne	die Ruhe	der Tod
die Pyramide	der Schall	der Vater	das Ohr
das Geflüster	die Straße	der Vogel	die Kraft
das Geräusch	die Freude	die Katze	die Wahl

Konkrete Nomen Menschen, Tiere, Pflanzen, Dinge

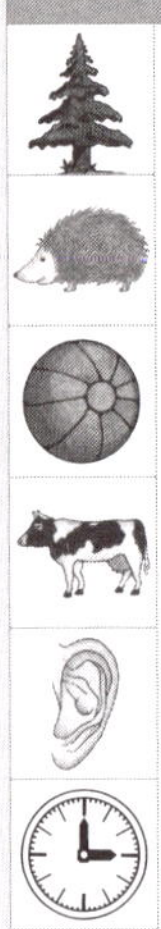

die Tanne
der Igel
der Ball
die Kuh
das Ohr
die Uhr

der Käfig
der Vater
der Teller
der Vogel
die Katze
der Löffel

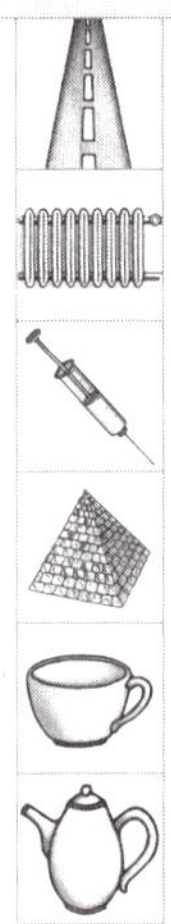

die Straße
die Heizung
die Spritze
die Pyramide
die Tasse
die Kanne

Abstrakte Nomen Man kann es nur hören, riechen, schmecken, fühlen oder sich vorstellen.

die Angst	die Hitze	die Wärme
der Fleiß	die Melodie	die Kälte
die Wut	der Lärm	das Gejaule
der Schreck	die Ruhe	der Tod
der Schall	das Geflüster	die Kraft
das Geräusch	die Freude	die Wahl

Nomen

Kreuze die Nomen an und schreibe sie groß.

☒ hitze	☒ päckchen	☒ maschine	☐ zuletzt	☒ gewitter
Hitze	Päckchen	Maschine	Gewitter	
☒ baby	☐ hoffentlich	☒ kuss	☒ ruhe	☒ radio
Baby	Kuss	Ruhe	Radio	
☐ vielleicht	☒ biene	☒ angst	☒ kälte	☒ straße
Biene	Angst	Kälte	Straße	
☒ herbst	☒ beruf	☒ brille	☒ messer	☐ niemals
Herbst	Beruf	Brille	Messer	
☒ boot	☒ höhle	☒ gefühl	☒ obst	☐ draußen
Boot	Höhle	Gefühl	Obst	
☒ käfer	☐ bloß	☒ lied	☒ brief	☒ quelle
Käfer	Lied	Brief	Quelle	
☒ handy	☐ bisschen	☒ qual	☒ märz	☒ katze
Handy	Qual	März	Katze	
☐ ohne	☒ glück	☒ pizza	☒ papier	☒ onkel
Glück	Pizza	Papier	Onkel	
☒ nuss	☒ puppe	☒ wahl	☒ käfig	☐ während
Nuss	Puppe	Wahl	Käfig	
☒ fleiß	☒ strand	☒ löffel	☐ zurück	☒ schnee
Fleiß	Strand	Löffel	Schnee	
☐ herein	☒ stoff	☒ verein	☒ vogel	☒ teddy
Stoff	Verein	Vogel	Teddy	
☒ vater	☐ bevor	☒ fluss	☒ blitz	☒ freude
Vater	Fluss	Blitz	Freude	

Nomen

Kreuze die Nomen an und schreibe sie groß.

☐ ähnlich	☒ freiheit	☒ zeugnis	☒ müll	☒ zeitung
Freiheit	Zeugnis	Müll	Zeitung	
☒ pferd	☒ wecker	☒ vampir	☒ hunger	☐ bequem
Pferd	Wecker	Vampir	Hunger	
☒ tasse	☒ durst	☒ sohn	☐ schief	☒ magnet
Tasse	Durst	Sohn	Magnet	
☒ fuchs	☒ geruch	☒ vase	☐ fleißig	☒ wasser
Fuchs	Geruch	Vase	Wasser	
☐ stark	☒ clown	☒ taxi	☒ seite	☒ erlebnis
Clown	Taxi	Seite	Erlebnis	
☒ frieden	☐ ungefähr	☒ keks	☒ brücke	☒ lehrerin
Frieden	Keks	Brücke	Lehrerin	
☒ traum	☒ wiese	☒ teller	☐ dreckig	☒ zucker
Traum	Wiese	Teller	Zucker	
☒ januar	☐ ruhig	☒ februar	☒ april	☒ winter
Januar	Februar	April	Winter	
☒ afrika	☒ australien	☒ asien	☒ europa	☐ allein
Afrika	Australien	Asien	Europa	
☒ brand	☐ süß	☒ nachbar	☒ feuerwehr	☒ gefahr
Brand	Nachbar	Feuerwehr	Gefahr	
☒ weihnachten	☒ uhu	☒ fehler	☒ quadrat	☐ wichtig
Weihnachten	Uhu	Fehler	Quadrat	
☒ ungeheuer	☒ papagei	☐ treu	☒ kiefer	☒ mutter
Ungeheuer	Papagei	Kiefer	Mutter	

Nomen

Bilde Nomen.

arbeiten	die Arbeit	donnern	der Donner
blitzen	der Blitz	feiern	die Feier
knallen	der Knall	schaukeln	die Schaukel
streiten	der Streit	wechseln	der Wechsel
danken	der Dank	sprudeln	der Sprudel
loben	das Lob	flüchten	die Flucht
blicken	der Blick	träumen	der Traum
siegen	der Sieg	grüßen	der Gruß
reizen	der Reiz	wählen	die Wahl
spielen	das Spiel	küssen	der Kuss
tippen	der Tipp	wünschen	der Wunsch
schlucken	der Schluck	glänzen	der Glanz
fangen	der Fang	strömen	der Strom
scheinen	der Schein	schützen	der Schutz
tauschen	der Tausch	quälen	die Qual
schlafen	der Schlaf	stürzen	der Sturz
schreien	der Schrei	drücken	der Druck
tanken	der Tank	hängen	der Hang
sitzen	der Sitz	singen (Ge-)	der Gesang
antworten	die Antwort	fühlen (Ge-)	das Gefühl
gewinnen	der Gewinn	hören (Ge-)	das Gehör
versuchen	der Versuch	riechen (Ge-)	der Geruch
wachen	die Wache	schmecken (Ge-)	der Geschmack

Zusammengesetzte Nomen

Bilde zusammengesetzte Nomen und schreibe sie mit Artikel auf.

Arzt + die Praxis	Lehrer + das Zimmer
die Arztpraxis	das Lehrerzimmer
Bett + die Decke	Hunger + das Gefühl
die Bettdecke	das Hungergefühl
Regen + der Wald	Taxi + der Fahrer
der Regenwald	der Taxifahrer
Brot + das Messer	Brand + der Schutz
das Brotmesser	der Brandschutz
Hunde + der Haufen	Pferde + die Decke
der Hundehaufen	die Pferdedecke
Tannen + der Baum	Blumen + der Strauß
der Tannenbaum	der Blumenstrauß
Straßen + der Lärm	Bienen + das Wachs
der Straßenlärm	das Bienenwachs
Bücher + das Regal	Bilder + der Rahmen
das Bücherregal	der Bilderrahmen
Arzt + der Termin	Herbst + der Tag
der Arzttermin	der Herbsttag
Laub + der Baum	Schlüssel + das Loch
der Laubbaum	das Schlüsselloch
Karten + das Spiel	Schiff + die Fahrt
das Kartenspiel	die Schifffahrt
Stoff + die Farbe	Schluss + der Satz
die Stofffarbe	der Schlusssatz

! Das Aufeinandertreffen zweier oder dreier gleicher Buchstaben bei Wortzusammensetzungen sollte mit den Kindern besprochen werden.

Zusammengesetzte Nomen

Bilde zusammengesetzte Nomen und schreibe sie mit Artikel auf.

Hochzeits + das Kleid	Boots + die Fahrt
das Hochzeitskleid	die Bootsfahrt
Berufs + die Wahl	Führungs + das Tor
die Berufswahl	das Führungstor
Mittags + die Zeit	Verkehrs + der Lärm
die Mittagszeit	der Verkehrslärm
Urlaubs + der Tag	Geschäfts + die Frau
der Urlaubstag	die Geschäftsfrau
Arbeits + der Platz	Zeitungs + der Leser
der Arbeitsplatz	der Zeitungsleser
Glücks + das Gefühl	Lebens + der Raum
das Glücksgefühl	der Lebensraum
Schiffs + der Arzt	Zwillings + das Paar
der Schiffsarzt	das Zwillingspaar
Monats + der Lohn	Zukunfts + die Angst
der Monatslohn	die Zukunftsangst
Wohnungs + die Tür	Nahrungs + die Quelle
die Wohnungstür	die Nahrungsquelle
Friedens + die Pfeife	Unterrichts + das Ziel
die Friedenspfeife	das Unterrichtsziel
Geruchs + der Sinn	Königs + der Sohn
der Geruchssinn	der Königssohn
Gefühls + die Sache	Geburts + die Stunde
die Gefühlssache	die Geburtsstunde

! Das Fugen-s ist das am häufigsten vorkommende Fugenzeichen. Es vereinfacht die Aussprache der Wörter.

Zusammengesetzte Nomen

Bilde zusammengesetzte Nomen und schreibe sie mit Artikel auf.

jung + der Vogel	fett + der Fleck
der Jungvogel	der Fettfleck
dick + die Milch	spät + der Herbst
die Dickmilch	der Spätherbst
groß + die Stadt	heiß + der Hunger
die Großstadt	der Heißhunger
spitz + die Maus	schwarz + der Wald
die Spitzmaus	der Schwarzwald
süß + der Stoff	weit + der Blick
der Süßstoff	der Weitblick
lang + die Strecke	schnell + das Boot
die Langstrecke	das Schnellboot
neu + die Wahl	klein + die Familie
die Neuwahl	die Kleinfamilie
hohl + der Raum	trocken + die Zeit
der Hohlraum	die Trockenzeit
bunt + der Specht	fein + das Gefühl
der Buntspecht	das Feingefühl
kalt + das Wasser	fremd + das Wort
das Kaltwasser	das Fremdwort
rot + der Fuchs	weiß + die Tanne
der Rotfuchs	die Weißtanne
tief + der Flug	warm + die Miete
der Tiefflug	die Warmmiete

Zusammengesetzte Nomen

Bilde zusammengesetzte Nomen und schreibe sie mit Artikel auf.

backen + der Ofen	bohren + die Maschine
der Backofen	die Bohrmaschine
nähen + das Zeug	gießen + die Kanne
das Nähzeug	die Gießkanne
fressen + der Napf	kennen + das Zeichen
der Fressnapf	das Kennzeichen
drehen + der Stuhl	heizen + der Körper
der Drehstuhl	der Heizkörper
mixen + das Getränk	reiten + der Stall
das Mixgetränk	der Reitstall
reißen + der Zahn	schimpfen + das Wort
der Reißzahn	das Schimpfwort
riechen + das Organ	packen + das Papier
das Riechorgan	das Packpapier
schalten + das Jahr	messen + der Becher
das Schaltjahr	der Messbecher
treffen + der Punkt	schließen + das Fach
der Treffpunkt	das Schließfach
leuchten + der Turm	brennen + die Nessel
der Leuchtturm	die Brennnessel
klettern + die Pflanze	wechseln + das Geld
die Kletterpflanze	das Wechselgeld
malen + das Buch	schieben + die Tür
das Malbuch	die Schiebetür

Unterstreiche Satzanfänge und Nomen und schreibe richtig.

im wald liegen nüsse neben pilzen unter tannen und kiefern im moos. 7

beim blick in die zeitung muss lea weinen, weil sie einen text über zwiebeln liest. 6

omi sucht die freiheit. sie reist zum beispiel mit der bahn durch europa. 6

leo hat ein ziel. in der zukunft möchte er clown und kein lehrer mehr sein. 6

Beim Blick in die Zeitung muss Lea weinen, weil sie einen Text über Zwiebeln liest.

Im Wald liegen Nüsse neben Pilzen unter Tannen und Kiefern im Moos.

Leo

Leo hat ein Ziel. In der Zukunft möchte er Clown und kein Lehrer mehr sein.

Omi reist gerne.

Omi sucht die Freiheit. Sie reist zum Beispiel mit der Bahn durch Europa.

! Die unterstrichene graue Zahl zeigt die Anzahl der Großschreibungen an.

Schreibe die Texte auf Seite 12 neben die passenden Bilder.

X	Die Eiche hat einen kräftigen Stamm. In der Höhe rauscht das Laub im Wind.
X	Maja geht morgens in ihre Schule hinein und kommt erst abends wieder heraus.
X	Die Natur braucht unseren Schutz, denn Müll und Dreck sind eine Gefahr für sie.
X	Es gewittert. Das Licht der Blitze ist schneller als der Schall des Donners.
X	Opa ist wütend. Nirgendwo kann er seine Brille finden. Meistens hat er sie auf seinem Kopf.
X	Thea sitzt im Kino. Der Film ist langweilig. Hoffentlich ist er bald vorbei.

Markiere Trennstellen und schreibe die Wörter getrennt auf.

Eu|ro|pa	Vor|teil	Schär|fe	Ge|schrei
Sa|che	Ge|ruch	Tech|nik	Ge|mein|de
Ge|burt	Hau|fen	Me|lo|die	Deutsch|land

Eu-ro-pa	Vor-teil
Schär-fe	Ge-schrei
Sa-che	Ge-ruch
Tech-nik	Ge-mein-de
Ge-burt	Hau-fen
Me-lo-die	Deutsch-land

Schreibe die Texte von Seite *11* neben die passenden Bilder.

Die Natur braucht unseren Schutz, denn Müll und Dreck sind eine Gefahr für sie.

Opa ist wütend. Nirgendwo kann er seine Brille finden. Meistens hat er sie auf seinem Kopf.

Thea sitzt im Kino. Der Film ist langweilig. Hoffentlich ist er bald vorbei.

Die Eiche hat einen kräftigen Stamm. In der Höhe rauscht das Laub im Wind.

Maja geht morgens in ihre Schule hinein und kommt erst abends wieder heraus.

Es gewittert. Das Licht der Blitze ist schneller als der Schall des Donners.

-heit

Bilde Nomen mit dem Wortbaustein -heit.

frei	blind	schön	schlau	gemein
faul	frech	selten	dunkel	gesund
klar	wahr	dumm	beliebt	trocken
echt	krank	sicher	einfach	berühmt

frei	-heit	die Freiheit
blind	-heit	die Blindheit
schön	-heit	die Schönheit
schlau	-heit	die Schlauheit
gemein	-heit	die Gemeinheit
faul	-heit	die Faulheit
frech	-heit	die Frechheit
selten	-heit	die Seltenheit
dunkel	-heit	die Dunkelheit
gesund	-heit	die Gesundheit
klar	-heit	die Klarheit
wahr	-heit	die Wahrheit
dumm	-heit	die Dummheit
beliebt	-heit	die Beliebtheit
trocken	-heit	die Trockenheit
echt	-heit	die Echtheit
krank	-heit	die Krankheit
sicher	-heit	die Sicherheit
einfach	-heit	die Einfachheit
berühmt	-heit	die Berühmtheit

-keit

Bilde Nomen mit dem Wortbaustein -keit.

neu (-ig-)	heiter	flüssig	ähnlich	langsam
süß (-ig-)	häufig	ehrlich	schnell (-ig-)	ängstlich
hell (-ig-)	feucht (-ig-)	wichtig	fröhlich	schwierig
klein (-ig-)	traurig	sauber	deutlich	empfindlich

neu	-keit	die Neuigkeit
heiter	-keit	die Heiterkeit
flüssig	-keit	die Flüssigkeit
ähnlich	-keit	die Ähnlichkeit
langsam	-keit	die Langsamkeit
süß	-keit	die Süßigkeit
häufig	-keit	die Häufigkeit
ehrlich	-keit	die Ehrlichkeit
schnell	-keit	die Schnelligkeit
ängstlich	-keit	die Ängstlichkeit
hell	-keit	die Helligkeit
feucht	-keit	die Feuchtigkeit
wichtig	-keit	die Wichtigkeit
fröhlich	-keit	die Fröhlichkeit
schwierig	-keit	die Schwierigkeit
klein	-keit	die Kleinigkeit
traurig	-keit	die Traurigkeit
sauber	-keit	die Sauberkeit
deutlich	-keit	die Deutlichkeit
empfindlich	-keit	die Empfindlichkeit

-ung

Bilde Nomen mit dem Wortbaustein -ung.

führen	sammeln	impfen	kreuzen	verbrennen
retten	zeichnen	erklären	herstellen	überqueren
heizen	bezahlen	erzählen	entfernen	beobachten
ändern	verletzen	erwarten	entwickeln	verschmutzen

führen -ung die Führung

sammeln -ung die Sammlung

impfen -ung die Impfung

kreuzen -ung die Kreuzung

verbrennen -ung die Verbrennung

retten -ung die Rettung

zeichnen -ung die Zeichnung

erklären -ung die Erklärung

herstellen -ung die Herstellung

überqueren -ung die Überquerung

heizen -ung die Heizung

bezahlen -ung die Bezahlung

erzählen -ung die Erzählung

entfernen -ung die Entfernung

beobachten -ung die Beobachtung

ändern -ung die Änderung

verletzen -ung die Verletzung

erwarten -ung die Erwartung

entwickeln -ung die Entwicklung

verschmutzen -ung die Verschmutzung

Bilde Nomen mit dem Wortbaustein -e.

kalt	-e	die	Kälte	stark	-e	die	Stärke
still	-e	die	Stille	scharf	-e	die	Schärfe
treu	-e	die	Treue	warm	-e	die	Wärme
tief	-e	die	Tiefe	fremd	-e	die	Fremde
weit	-e	die	Weite	fragen	-e	die	Frage
nah	-e	die	Nähe	lieben	-e	die	Liebe
groß	-e	die	Größe	spitzen	-e	die	Spitze
hohl	-e	die	Höhle	reisen	-e	die	Reise
nass	-e	die	Nässe	wiegen	-e	die	Wiege
glatt	-e	die	Glätte	spritzen	-e	die	Spritze
lang	-e	die	Länge	stimmen	-e	die	Stimme
hart	-e	die	Härte	skizzieren	-e	die	Skizze

Bilde Nomen mit dem Wortbaustein -er.

malen	-er	der	Maler	backen	-er	der	Bäcker
lehren	-er	der	Lehrer	wählen	-er	der	Wähler
wecken	-er	der	Wecker	bohren	-er	der	Bohrer
mixen	-er	der	Mixer	stecken	-er	der	Stecker
öffnen	-er	der	Öffner	schalten	-er	der	Schalter
fehlen	-er	der	Fehler	klettern	-er	der	Kletterer
siegen	-er	der	Sieger	surfen	-er	der	Surfer
fühlen	-er	der	Fühler	zeichnen	-er	der	Zeichner
helfen	-er	der	Helfer	verlieren	-er	der	Verlierer
lesen	-er	der	Leser	gewinnen	-er	der	Gewinner

-in -nis

Bilde Nomen mit dem Wortbaustein -in und ihre Mehrzahl mit -innen.

	-in	-innen
der Polizist	die Polizistin	die Polizistinnen
der Angler	die Anglerin	die Anglerinnen
der Held	die Heldin	die Heldinnen
der Lehrer	die Lehrerin	die Lehrerinnen
der Autor	die Autorin	die Autorinnen
der Bürger	die Bürgerin	die Bürgerinnen
der Koch	die Köchin	die Köchinnen
der Pilot	die Pilotin	die Pilotinnen
der Maler	die Malerin	die Malerinnen
der Richter	die Richterin	die Richterinnen
der Friseur	die Friseurin	die Friseurinnen

Bilde Nomen mit dem Wortbaustein -nis und ihre Mehrzahl mit -nisse.

	-nis	-nisse
ereignen	das Ereignis	die Ereignisse
ergeben	das Ergebnis	die Ergebnisse
erzeugen	das Erzeugnis	die Erzeugnisse
erleben	das Erlebnis	die Erlebnisse
erlauben	die Erlaubnis	die Erlaubnisse
erkennen (-t-)	die Erkenntnis	die Erkenntnisse
ärgern	das Ärgernis	die Ärgernisse
hindern	das Hindernis	die Hindernisse
geheim	das Geheimnis	die Geheimnisse

Unterstreiche Satzanfänge und Nomen und schreibe richtig.

X	ein bäcker und eine bäckerin backen brote. elf bäckerinnen backen kekse.	7
X	nächste woche fällt der unterricht aus. es gibt nicht genug lehrerinnen und lehrer.	6
X	paul ist arzt und paula ärztin. auch ihre acht schwestern möchten ärztinnen werden.	7
X	berta ist boxerin und ihr hund ein boxer. viele boxerinnen halten selbst boxer.	7

Lehrer-
mangel

Nächste Woche fällt der Unterricht aus. Es gibt nicht genug Lehrerinnen und Lehrer.

Paul ist Arzt und Paula Ärztin. Auch ihre acht Schwestern möchten Ärztinnen werden.

Aus Teig
wird Brot.

Ein Bäcker und eine Bäckerin backen Brote. Elf Bäckerinnen backen Kekse.

Berta
mag
Boxer.

Berta ist Boxerin und ihr Hund ein Boxer. Viele Boxerinnen halten selbst Boxer.

Schreibe die Texte auf Seite 20 neben die passenden Bilder.

X	Nicht jedes Erlebnis zählt zu den schönsten Erlebnissen des Lebens.
X	Gero hält kein Geheimnis geheim. Deshalb hat Gero keine Geheimnisse.
X	Lehrer und Lehrerinnen erteilen ohne eine Erlaubnis keine Erlaubnisse.
X	Das Ergebnis von 0:14 ist eines der besten Ergebnisse des FC Stolperfuß.
X	Opas 121. Geburtstag war ein Ereignis. Solche Ereignisse sind selten.
X	Erni und Gert erhalten ihr Zeugnis. Die Zeugnisse sind sehr unterschiedlich.

Markiere Trennstellen und schreibe die Wörter getrennt auf.

Här|te	Frei|heit	Kreu|zung	Zeich|ne|rin
Stär|ke	Hei|zung	Er|war|tung	Feuch|tig|keit
Zei|tung	Part|ner	Ge|heim|nis	Be|ob|ach|tung

Här-te Frei-heit
Kreu-zung Zeich-ne-rin
Stär-ke Hei-zung
Er-war-tung Feuch-tig-keit
Zei-tung Part-ner
Ge-heim-nis Be-ob-ach-tung

! Neben den Abschreibsätzen wird jeweils auf den rechtschreiblichen Schwerpunkt verwiesen.

Abschreiben

Schreibe die Texte von Seite *19* neben die passenden Bilder.

Das Ergebnis von 0:14 ist eines der besten Ergebnisse des FC Stolperfuß.

Was hast du erlebt?

Nicht jedes Erlebnis zählt zu den schönsten Erlebnissen des Lebens.

Opa wurde *121.*

Opas 121. Geburtstag war ein Ereignis. Solche Ereignisse sind selten.

Wer hat das erlaubt?

Lehrer und Lehrerinnen erteilen ohne eine Erlaubnis keine Erlaubnisse.

Gero verrät viel.

Gero hält kein Geheimnis geheim. Deshalb hat Gero keine Geheimnisse.

Gert hat gute Noten.

Erni und Gert erhalten ihr Zeugnis. Die Zeugnisse sind sehr unterschiedlich.

b oder p | d oder t | g oder k

b oder p, d oder t, g oder k? Verlängere zuerst.

her b — (b) p	das Lich t — d (t)	das Fahrzeu g — (g) k
herbe	Lichter	Fahrzeuge
gu t — d (t)	der Zwei g — (g) k	das Quadra t — d (t)
gute	Zweige	Quadrate
der Sta b — (b) p	feuch t — d (t)	schlan k — g (k)
Stäbe	feuchte	schlanke
weni g — (g) k	das Lie d — (d) t	der Stran d — (d) t
wenige	Lieder	Strände
das Bil d — (d) t	der Krie g — (g) k	das Geschäf t — d (t)
Bilder	Kriege	Geschäfte
der Ta g — (g) k	der Mona t — d (t)	das Geschen k — g (k)
Tage	Monate	Geschenke
der Tex t — d (t)	das Kal b — (b) p	das Spielzeu g — (g) k
Texte	Kälber	Spielzeuge
das Sie b — (b) p	das Pfer d — (d) t	schrä g — (g) k
Siebe	Pferde	schräge
das Boo t — d (t)	kran k — g (k)	das Schil d — (d) t
Boote	kranke	Schilde
der Kor b — (b) p	der Wal d — (d) t	interessan t — d (t)
Körbe	Wälder	interessante

! Die Aufgabenstellung lässt unterschiedliche Lösungen zu.

b oder p, d oder t, g oder k? Verlängere zuerst.

das Ra d — (d) t	die Bur g — (g) k	spannen d — (d) t
Räder	Burgen	spannende
gro b — (b) p	das Lan d — (d) t	das Mikrosko p — b (p)
grobe	Länder	Mikroskope
bun t — d (t)	der Erfol g — (g) k	das Schwer t — d (t)
bunte	Erfolge	Schwerter
lie b — (b) p	frem d — (d) t	der Schran k — g (k)
liebe	fremde	Schränke
run d — (d) t	der Zwer g — (g) k	der Rekor d — (d) t
runde	Zwerge	Rekorde
hal b — (b) p	der Bran d — (d) t	die Fabri k — g (k)
halbe	Brände	Fabriken
wil d — (d) t	die Ban k — g (k)	der Magne t — d (t)
wilde	Banken	Magnete
der Ber g — (g) k	der Bu b — (b) p	der Urlau b — (b) p
Berge	Buben	Urlaube
der Zu g — (g) k	das Ba d — (d) t	das Gesich t — d (t)
Züge	Bäder	Gesichter
gel b — (b) p	das Klei d — (d) t	der Aben d — (d) t
gelbe	Kleider	Abende

b oder p | d oder t | g oder k

b oder p, d oder t, g oder k? Verlängere zuerst.

das Bro t (d / t)	blin d (d / t)	das Hem d (d / t)
Brote	blinde	Hemden
der Die b (b / p)	das Fel d (d / t)	der Katalo g (g / k)
Diebe	Felder	Kataloge
spä t (d / t)	der Kru g (g / k)	gesun d (d / t)
späte	Krüge	gesunde
flin k (g / k)	das Kin d (d / t)	das Geträn k (g / k)
flinke	Kinder	Getränke
der Arz t (d / t)	der Monta g (g / k)	der Mun d (d / t)
Ärzte	Montage	Münder
der We g (g / k)	die Han d (d / t)	der Ausflu g (g / k)
Wege	Hände	Ausflüge
har t (d / t)	das Gra b (b / p)	der Freun d (d / t)
harte	Gräber	Freunde
klu g (g / k)	der Ty p (b / p)	das Gelen k (g / k)
kluge	Typen	Gelenke
trü b (b / p)	das Gel d (d / t)	der Umzu g (g / k)
trübe	Gelder	Umzüge
das Zel t (d / t)	der Ran d (d / t)	der Anzu g (g / k)
Zelte	Ränder	Anzüge

b oder p | d oder t | g oder k

b oder p, d oder t, g oder k? Verlängere zuerst.

sie zei g t	(g)	k	sie wir d	(d)	t	er erle b t	(b)	p
wir zeigen			wir werden			wir erleben		
er lie b t	(b)	p	er pie p t	b	(p)	sie bewe g t	(g)	k
wir lieben			wir piepen			wir bewegen		
er hu p t	b	(p)	er ma g	(g)	k	er pum p t	b	(p)
wir hupen			wir mögen			wir pumpen		
sie fra g t	(g)	k	er dan k t	g	(k)	er erlau b t	(b)	p
wir fragen			wir danken			wir erlauben		
sie ü b t	(b)	p	sie den k t	g	(k)	sie pfle g t	(g)	k
wir üben			wir denken			wir pflegen		
sie ho b	(b)	p	sie tran k	g	(k)	er schrie b	(b)	p
wir heben			wir tranken			wir schrieben		
er bo g	(g)	k	er blie b	(b)	p	sie schlu g	(g)	k
wir bogen			wir blieben			wir schlugen		
sie la g	(g)	k	er flo g	(g)	k	er schwie g	(g)	k
wir lagen			wir flogen			wir schwiegen		
sie ga b	(b)	p	es stan k	g	(k)	sie scho b	(b)	p
wir gaben			wir stanken			wir schoben		
sie tru g	(g)	k	sie wo g	(g)	k	er verbo t	d	(t)
wir trugen			wir wogen			wir verboten		

Verben

Ordne die Verbformen zu.

übt	sagt	log	lebte	geübt	gelogen
gibt	zeigt	hob	legte	gelebt	gegeben
lebt	gräbt	gab	sagte	gelegt	gehoben
legt	findet	fand	zeigte	gesagt	gefunden
lügt	erlaubt	übte	schlug	erlaubt	gegraben
hebt	schlägt	grub	erlaubte	gezeigt	geschlagen

leben	graben	geben
es lebt	er gräbt	sie gibt
es lebte	er grub	sie gab
es hat gelebt	er hat gegraben	sie hat gegeben
üben	**erlauben**	**schlagen**
er übt	sie erlaubt	es schlägt
er übte	sie erlaubte	es schlug
er hat geübt	sie hat erlaubt	es hat geschlagen
legen	**lügen**	**finden**
es legt	er lügt	sie findet
es legte	er log	sie fand
es hat gelegt	er hat gelogen	sie hat gefunden
sagen	**zeigen**	**heben**
er sagt	sie zeigt	sie hebt
er sagte	sie zeigte	sie hob
er hat gesagt	sie hat gezeigt	sie hat gehoben

Ordne die Verbformen zu.

jagt	klebt	trug	klebte	erlebt	bewegt
lobt	pflegt	jagte	pflegte	gejagt	geklebt
tobt	erlebt	lobte	erlebte	gelobt	gepflegt
folgt	glaubt	tobte	glaubte	getobt	getragen
fragt	bewegt	folgte	bewegte	gefolgt	geglaubt
trägt	empfindet	fragte	empfand	gefragt	empfunden

toben	kleben	glauben
es tobt	es klebt	er glaubt
es tobte	es klebte	er glaubte
es hat getobt	es hat geklebt	er hat geglaubt
jagen	**folgen**	**tragen**
es jagt	sie folgt	sie trägt
es jagte	sie folgte	sie trug
es hat gejagt	sie ist gefolgt	sie hat getragen
loben	**fragen**	**pflegen**
sie lobt	er fragt	er pflegt
sie lobte	er fragte	er pflegte
sie hat gelobt	er hat gefragt	er hat gepflegt
erleben	**bewegen**	**empfinden**
er erlebt	sie bewegt	es empfindet
er erlebte	sie bewegte	es empfand
er hat erlebt	sie hat bewegt	es hat empfunden

Wortfamilien

Ordne die Wörter zu Wortfamilien.

wild	wiegen	pflegte	biegsam	schieben	verwildert
geben	Pfleger	sie bog	Wilderer	Pflegerin	abwiegen
wilder	pflegen	sie gab	gegeben	gewogen	wildfremd
Wiege	Wildnis	er biegt	angeben	sie pflegt	geschoben
er gibt	sie wog	gepflegt	gebogen	sie schob	anschieben
biegen	es wiegt	Biegung	abgeben	er schiebt	verschieben

Wortstamm GEB

geben	sie gab	gegeben
angeben	er gibt	abgeben

Wortstamm BIEG

biegsam	sie bog	er biegt
gebogen	biegen	Biegung

Wortstamm WILD

wild	verwildert	Wilderer
wilder	wildfremd	Wildnis

Wortstamm WIEG

wiegen	abwiegen	gewogen
Wiege	sie wog	es wiegt

Wortstamm PFLEG

pflegte	Pfleger	Pflegerin
pflegen	sie pflegt	gepflegt

Wortstamm SCHIEB

schieben	geschoben	sie schob
anschieben	er schiebt	verschieben

b oder p | d oder t | g oder k

b oder p, d oder t, g oder k? Verlängere zuerst.

die Ber g bahn Berge	(g) oder k	die Blin d heit blinde	(d) oder t	der Schrei b fehler schreiben	(b) oder p
das Flu g zeug Flüge	(g) oder k	der Wal d lauf Wälder	(d) oder t	das Schal t jahr schalten	d oder (t)
die Hal b kugel halbe	(b) oder p	die Lan d karte Länder	(d) oder t	der Star k strom starke	g oder (k)
der Spä t herbst späte	d oder (t)	das Lie d chen Lieder	(d) oder t	das Schla g zeug schlagen	(g) oder k

b oder p, d oder t, g oder k? Verlängere zuerst.

mu t ig	d oder t	der Mu t	der Mut
stau b ig	b oder p	der Stau b	der Staub
nieman d en	d oder t	nieman d	niemand
jeman d en	d oder t	jeman d	jemand
Hunder t e	d oder t	hunder t	hundert
Tausen d e	d oder t	tausen d	tausend
der Frie d en	d oder t	frie d lich	friedlich
empfin d en	d oder t	empfin d lich	empfindlich
wir stan d en	d oder t	sie stan d	sie stand
wir zo g en	g oder k	es zo g	es zog
erlau b en	b oder p	die Erlau b nis	die Erlaubnis
erle b en	b oder p	das Erle b nis	das Erlebnis

! Die obere Aufgabenstellung lässt unterschiedliche Lösungen zu.

Schreibe die Texte auf Seite 30 neben die passenden Bilder.

X	Ulf sucht jemanden für eine Brieffreundschaft. Hat jemand Interesse?
X	Einige Bienen in unserem Dorf sind tot. Pflanzenschutzmittel haben sie getötet.
X	Wir empfinden Ruhe als Wohltat. Auf Lärm reagieren wir nämlich empfindlich.
X	Wann herrscht überall Frieden? Welcher Mensch möchte nicht friedlich leben?
X	Vorgestern standen alle Ampeln auf Rot. Das stand gestern in der Zeitung.
X	Tausende von Clowns zählten aus Spaß etwa tausendmal bis tausend.

Markiere Trennstellen und schreibe die Wörter getrennt auf.

Ur|laub	Zeug|nis	Flug|zeug	Laub|baum
Ju|gend	tau|send	Er|laub|nis	ju|gend|lich
je|mand	Er|leb|nis	Land|kar|te	Strand|korb

Ur-laub
Zeug-nis
Flug-zeug
Laub-baum
Ju-gend
tau-send
Er-laub-nis
ju-gend-lich
je-mand
Er-leb-nis
Land-kar-te
Strand-korb

Abschreiben

Schreibe die Texte von Seite *29* neben die passenden Bilder.

1000

Tausende von Clowns zählten aus Spaß
etwa tausendmal bis tausend.

Wir empfinden Ruhe als Wohltat. Auf
Lärm reagieren wir nämlich empfindlich.

Einige Bienen in unserem Dorf sind tot.
Pflanzenschutzmittel haben sie getötet.

Vorgestern standen alle Ampeln auf Rot.
Das stand gestern in der Zeitung.

Ulf sucht jemanden für eine Brieffreundschaft.
Hat jemand Interesse?

FRIEDEN
PEACE
PAIX

Wann herrscht überall Frieden?
Welcher Mensch möchte nicht friedlich leben?

Groß- und Kleinschreibung

Unterstreiche Satzanfänge und Nomen und schreibe richtig.

erni und gert möchten die natur erleben. die natur bietet ihnen viele erlebnisse. 6

die kinder erlauben sich mit der erlaubnis ihrer lehrerin einige scherze. 5

auf einer düne befiehlt maik seinem hund einen handstand im sand zu machen. 6

erst zogen regenwolken auf. dann zog susi sich eine regenjacke über. 5

Auf einer Düne befiehlt Maik seinem Hund einen Handstand im Sand zu machen.

Wir lieben Scherze!

Die Kinder erlauben sich mit der Erlaubnis ihrer Lehrerin einige Scherze.

Erst zogen Regenwolken auf. Dann zog Susi sich eine Regenjacke über.

NATUR

Erni und Gert möchten die Natur erleben. Die Natur bietet ihnen viele Erlebnisse.

Merkwörter mit X/x

Trage die Merkwörter mit X/x in die Lücken ein.

Axt	Nixe	exakt	Praxis	Xylofon	Experten
Mix	Hexe	Mixer	Obelix	Lexikon	Exemplar
Taxi	Texte	boxen	Mexiko	Saxofon	Experiment

Versuch: Experiment ● Arbeitsraum des Arztes: Praxis

Asterix und Obelix ● Sie reitet auf dem Besen: Hexe

Wassergeist: Nixe ● Blasinstrument: Saxofon

prügeln, schlagen: boxen ● Damit hackt man Holz: Axt

Die Autorin schreibt lustige Texte. ● Land: Mexiko

Verkehrsmittel: Taxi ● Schlaginstrument: Xylofon

Gerät zum Mixen: Mixer ● Fachleute: Experten

Mischung: Mix ● Nachschlagewerk: Lexikon

genau: exakt ● einzelnes Stück: Exemplar

Trage die Merkwörter mit X/x in die Lücken ein.

Nixen/Texte	Taxi/Mexiko	boxen/Mixer	Saxofon/Xylofon
Axt/Lexikon	Hexe/Praxis	Exemplar/exakt	Expertin/exotische

Ein Saxofon klingt anders als ein Xylofon.

Dr. Karies behandelt die kleine Hexe in seiner Praxis.

Der lustige Pedro fährt Taxi in Mexiko.

Das Wort Axt ist im Lexikon unter A/a eingeordnet.

Nixen schreiben Texte stets mit wasserfester Tinte.

Die Boxer boxen im Ring um einen neuen Mixer.

Pia Piep ist Expertin für exotische Vögel.

Ein Exemplar des Buches kostet exakt *11* €.

! Mit bearbeiteten Lückentexten können Kinder das richtige Abschreiben üben.

Merkwörter mit V/v

Trage die Merkwörter mit V/v in die Lücken ein.

voll	Verb	Ventil	Advent	Adjektiv	Vitamine
vier	Vase	Vokal	Klavier	Pullover	Silvester
brav	Vater	Vogel	Vulkan	vielleicht	November

Wiewort (lateinisch): Adjektiv • Tunwort (lateinisch): Verb

Selbstlaut (lateinisch): Vokal • Gefäß für Blumen: Vase

31. Dezember: Silvester • Tier mit Flügeln: Vogel

Gegenteil von leer: voll • Tasteninstrument: Klavier

Zahl: vier • Verschluss am Fahrradreifen: Ventil

artig, lieb: brav • Gemüse enthält Vitamine.

Elternteil: Vater • Feuer speiender Berg: Vulkan

Monat: November • Vorweihnachtszeit: Advent

Pulli: Pullover • nicht sicher: vielleicht

Trage die Merkwörter mit V/v in die Lücken ein.

vier/Ventil	Vogel/Vase	viele/Vitamine	November/Pullover
Verb/Vokal	Klavier/Vater	Silvester/vielleicht	vollständig/Adjektiv

Im November trägt Trudi oft einen warmen Pullover.

Ein Verb ist ein Tunwort. Ein Vokal ist ein Selbstlaut.

Der Vogel flattert aufgeregt um eine Vase herum.

Vera spielt Klavier und ihr Vater Blockflöte.

Es ist kalt. Silvester fällt vielleicht Schnee.

An jedem der vier Reifen befindet sich ein Ventil.

Obst und Gemüse enthalten viele Vitamine.

Das Wort vollständig ist ein Adjektiv.

Ver-/ver-

Bilde sinnvolle Verben mit dem Wortbaustein ver-.

ver-	☒ -brennen	☐ -kichern	☒ -stärken	☒ -brauchen
verbrennen		verstärken		verbrauchen
ver-	☒ -bieten	☒ -missen	☒ -wechseln	☐ -grüßen
verbieten		vermissen		verwechseln
ver-	☒ -doppeln	☐ -wissen	☒ -packen	☒ -ärgern
verdoppeln		verpacken		verärgern
ver-	☒ -gießen	☒ -drehen	☐ -niesen	☒ -glühen
vergießen		verdrehen		verglühen
ver-	☐ -rauben	☒ -stecken	☒ -raten	☒ -rühren
verstecken		verraten		verrühren

Trage die Wörter mit Ver-/ver- in die Lücken ein.

verlieren	Verletzung	verschmutzen
verletzen	Verpackung	Verschmutzung
vergessen	Verbrennung	Verkehrszeichen

Wir verschmutzen die Meere mit unseren Abfällen.

Die Verschmutzung der Meere hat schlimme Folgen.

Bei einer Verbrennung entstehen hohe Temperaturen.

Das Stoppschild ist ein Verkehrszeichen.

Leider landet eine Verpackung meistens im Müll.

Erni hat seinen Ranzen und den Turnbeutel vergessen.

Im Herbst verlieren die Bäume ihre Blätter.

Bei dem Zweikampf verletzen sich beide Fußballer leicht.

Eine Muskelzerrung ist eine Verletzung.

Vor-/vor-

Bilde sinnvolle Verben mit dem Wortbaustein vor-.

vor-	☐ -knacken	☒ -wählen	☒ -zeichnen	☒ -kommen
	vorwählen	vorzeichnen	vorkommen	
vor-	☒ -führen	☒ -stellen	☒ -nehmen	☐ -zwicken
	vorführen	vorstellen	vornehmen	
vor-	☒ -lassen	☒ -hängen	☐ -werden	☒ -fahren
	vorlassen	vorhängen	vorfahren	
vor-	☐ -schneien	☒ -setzen	☒ -ziehen	☒ -spielen
	vorsetzen	vorziehen	vorspielen	
vor-	☒ -rennen	☐ -riechen	☒ -rücken	☒ -rechnen
	vorrennen	vorrücken	vorrechnen	

Trage die Wörter mit Vor-/vor- in die Lücken ein.

Vorfahrt	Vorname	Vorschlag
Vorsicht	vorsichtig	vorgestern
vorwärts	Vormittag	Vorstellung

Beim Umgang mit Wildpilzen ist äußerste Vorsicht geboten.

Im Straßenverkehr muss die Vorfahrt beachtet werden.

Im Straßenverkehr kann man nicht vorsichtig genug sein.

Zwischen vorgestern und heute lag gestern.

Zwischen dem Morgen und dem Mittag liegt der Vormittag.

Die Vorstellung beginnt heute Nachmittag um 15.07 Uhr.

Manuela macht eine Rolle vorwärts und eine rückwärts.

Erni macht Gert einen Vorschlag und Gert nimmt ihn an.

Britney Else Einsteins erster Vorname ist Britney.

Verben

Ordne die Verbformen zu.

verspricht	versucht	las vor	verkaufte	verkauft	verändert
liest vor	verbringt	versprach	versuchte	verlangt	verglichen
verkauft	verändert	trug vor	verbrachte	versucht	verbraucht
verlangt	vergleicht	verglich	veränderte	versprochen	vorgelesen
trägt vor	verbraucht	verlangte	verbrauchte	verbracht	vorgetragen

verlangen	vergleichen
es verlangt	sie vergleicht
es verlangte	sie verglich
es hat verlangt	sie hat verglichen
versprechen	**verbringen**
er verspricht	sie verbringt
er versprach	sie verbrachte
er hat versprochen	sie hat verbracht
versuchen	**verändern**
es versucht	er verändert
es versuchte	er veränderte
es hat versucht	er hat verändert
verkaufen	**verbrauchen**
er verkauft	sie verbraucht
er verkaufte	sie verbrauchte
er hat verkauft	sie hat verbraucht
vorlesen	**vortragen**
sie liest vor	er trägt vor
sie las vor	er trug vor
sie hat vorgelesen	er hat vorgetragen

ab- mit- um-

Bilde sinnvolle Verben mit den Wortbausteinen ab-, mit- und um-.

ab-	☐ -trösten	☒ -schaffen	☒ -schließen	☒ -wählen
	abschaffen	abschließen	abwählen	
ab-	☒ -reißen	☐ -quieken	☒ -kühlen	☒ -streiten
	abreißen	abkühlen	abstreiten	
ab-	☒ -ziehen	☒ -fließen	☒ -setzen	☐ -stinken
	abziehen	abfließen	absetzen	
ab-	☒ -beißen	☐ -klingeln	☒ -bauen	☒ -biegen
	abbeißen	abbauen	abbiegen	
mit-	☒ -bringen	☐ -riechen	☒ -essen	☒ -ziehen
	mitbringen	mitessen	mitziehen	
mit-	☒ -helfen	☒ -fühlen	☒ -spielen	☐ -knicken
	mithelfen	mitfühlen	mitspielen	
mit-	☐ -regnen	☒ -zählen	☒ -fahren	☒ -arbeiten
	mitzählen	mitfahren	mitarbeiten	
mit-	☒ -teilen	☒ -reißen	☐ -donnern	☒ -nehmen
	mitteilen	mitreißen	mitnehmen	
um-	☒ -bauen	☐ -husten	☒ -ziehen	☒ -rühren
	umbauen	umziehen	umrühren	
um-	☐ -brüllen	☒ -biegen	☒ -fallen	☒ -rennen
	umbiegen	umfallen	umrennen	
um-	☒ -drehen	☒ -blicken	☐ -winseln	☒ -binden
	umdrehen	umblicken	umbinden	
um-	☒ -setzen	☒ -füllen	☒ -ändern	☐ -bellen
	umsetzen	umfüllen	umändern	

aus- auf- be-

Bilde sinnvolle Verben mit den Wortbausteinen aus-, auf- und be-.

aus-	☒ -ziehen	☒ -reißen	☒ -blicken	☐ -grunzen
	ausziehen	ausreißen	ausblicken	
aus-	☐ -kreischen	☒ -gießen	☒ -packen	☒ -kennen
	ausgießen	auspacken	auskennen	
aus-	☒ -wählen	☒ -lassen	☐ -hoppeln	☒ -kratzen
	auswählen	auslassen	auskratzen	
aus-	☒ -setzen	☒ -sehen	☒ -stellen	☐ -sausen
	aussetzen	aussehen	ausstellen	
auf-	☐ -hinken	☒ -bauen	☒ -wecken	☒ -drehen
	aufbauen	aufwecken	aufdrehen	
auf-	☒ -wachen	☒ -lassen	☒ -passen	☐ -pupsen
	aufwachen	auflassen	aufpassen	
auf-	☒ -reißen	☐ -rodeln	☒ -blicken	☒ -wachsen
	aufreißen	aufblicken	aufwachsen	
auf-	☒ -fallen	☐ -frösteln	☒ -führen	☒ -fressen
	auffallen	aufführen	auffressen	
be-	☒ -raten	☒ -grüßen	☐ -krachen	☒ -setzen
	beraten	begrüßen	besetzen	
be-	☐ -flattern	☒ -stärken	☒ -fehlen	☒ -zeichnen
	bestärken	befehlen	bezeichnen	
be-	☒ -heizen	☒ -streiten	☒ -kommen	☐ -knicken
	beheizen	bestreiten	bekommen	
be-	☐ -jucken	☒ -gießen	☒ -ziehen	☒ -stimmen
	begießen	beziehen	bestimmen	

zu- ein- an-

Bilde sinnvolle Verben mit den Wortbausteinen zu-, ein- und an-.

zu-	☒ -ordnen	☒ -frieren	☐ -quietschen	☒ -beißen
zuordnen		zufrieren		zubeißen
zu-	☒ -lassen	☒ -treffen	☐ -krächzen	☒ -drücken
zulassen		zutreffen		zudrücken
zu-	☒ -packen	☒ -drehen	☐ -kneten	☒ -stimmen
zupacken		zudrehen		zustimmen
zu-	☐ -witzeln	☒ -geben	☒ -sehen	☒ -ziehen
zugeben		zusehen		zuziehen
ein-	☒ -bauen	☐ -hopsen	☒ -treffen	☒ -impfen
einbauen		eintreffen		einimpfen
ein-	☒ -ziehen	☒ -fühlen	☐ -knirschen	☒ -drücken
einziehen		einfühlen		eindrücken
ein-	☒ -gießen	☐ -hocken	☒ -packen	☒ -biegen
eingießen		einpacken		einbiegen
ein-	☒ -heizen	☒ -reißen	☒ -nehmen	☐ -nörgeln
einheizen		einreißen		einnehmen
an-	☒ -lassen	☒ -führen	☐ -kämmen	☒ -beißen
anlassen		anführen		anbeißen
an-	☐ -schlürfen	☒ -treffen	☒ -bauen	☒ -packen
antreffen		anbauen		anpacken
an-	☒ -passen	☒ -ziehen	☐ -knistern	☒ -blicken
anpassen		anziehen		anblicken
an-	☐ -knittern	☒ -nähen	☒ -bieten	☒ -nehmen
annähen		anbieten		annehmen

er- ent- weg-

Bilde sinnvolle Verben mit den Wortbausteinen er-, ent- und weg-.

er-	☒ -leben	☒ -setzen	☒ -blicken	☐ -impfen
	erleben	ersetzen	erblicken	
er-	☐ -purzeln	☒ -frieren	☒ -lassen	☒ -kennen
	erfrieren	erlassen	erkennen	
er-	☒ -hoffen	☒ -warten	☐ -schreien	☒ -schaffen
	erhoffen	erwarten	erschaffen	
er-	☒ -raten	☒ -ziehen	☒ -bauen	☐ -knuspern
	erraten	erziehen	erbauen	
ent-	☒ -reißen	☒ -halten	☒ -führen	☐ -kichern
	entreißen	enthalten	entführen	
ent-	☒ -wickeln	☒ -werfen	☐ -bellen	☒ -nehmen
	entwickeln	entwerfen	entnehmen	
ent-	☐ -schlecken	☒ -fliehen	☒ -stehen	☒ -rätseln
	entfliehen	entstehen	enträtseln	
ent-	☒ -zünden	☒ -lassen	☐ -tanzen	☒ -brennen
	entzünden	entlassen	entbrennen	
weg-	☐ -brüten	☒ -hören	☒ -fahren	☒ -packen
	weghören	wegfahren	wegpacken	
weg-	☒ -stoßen	☒ -ziehen	☒ -rennen	☐ -lauschen
	wegstoßen	wegziehen	wegrennen	
weg-	☒ -setzen	☒ -führen	☐ -blöken	☒ -räumen
	wegsetzen	wegführen	wegräumen	
weg-	☒ -gehen	☐ -frieren	☒ -geben	☒ -nehmen
	weggehen	weggeben	wegnehmen	

Abschreiben Silbentrennung

Schreibe die Texte auf Seite 42 neben die passenden Bilder.

X	Carmen versucht Ruhe zu bewahren. Sie lässt sich nicht verrückt machen.
X	Einige Menschen verletzen Gesetze und verlieren dadurch ihre Freiheit.
X	Opa grillt. Die Kohle verglüht und die Würstchen verbrennen zu Asche.
X	Milo vergisst die Zeit. Erstens verpasst er seinen Zug. Zweitens wird er sich verspäten.
X	Wir sollten unsere Umwelt nicht weiter verschmutzen. Sind wir so vernünftig?
X	Wir verbrauchen sehr viel Kunststoff. Wir verpacken sogar Salatgurken.

Markiere Trennstellen und schreibe die Wörter getrennt auf.

an|bau|en	be|geg|nen	zu|schau|en	ab|schal|ten
ent|fer|nen	er|klä|ren	aus|su|chen	um|tau|schen
ein|hei|zen	mit|er|le|ben	weg|wer|fen	auf|zeich|nen

an-bau-en
be-geg-nen
zu-schau-en
ab-schal-ten
ent-fer-nen
er-klä-ren
aus-su-chen
um-tau-schen
ein-hei-zen
mit-er-le-ben
weg-wer-fen
auf-zeich-nen

Abschreiben

Schreibe die Texte von Seite 41 neben die passenden Bilder.

Einige Menschen verletzen Gesetze
und verlieren dadurch ihre Freiheit.

Opa grillt. Die Kohle verglüht und
die Würstchen verbrennen zu Asche.

Carmen versucht Ruhe zu bewahren.
Sie lässt sich nicht verrückt machen.

Wir verbrauchen sehr viel Kunststoff.
Wir verpacken sogar Salatgurken.

Milo vergisst die Zeit. Erstens verpasst
er seinen Zug. Zweitens wird er sich
verspäten.

Schützt die Umwelt!

Wir sollten unsere Umwelt nicht weiter
verschmutzen. Sind wir so vernünftig?

Groß- und Kleinschreibung

Unterstreiche Satzanfänge und Nomen und schreibe richtig.

X	zuerst muss nora ihr bett abziehen. danach muss sie ihr zimmer aufräumen.	5
X	menschen entwickeln raketen und entfernen sich mit ihnen von der erde.	3
X	oma ernährt sich richtig. beim blick auf die waage muss sie nicht erschrecken.	4
X	die nacht begann. begeistert beobachteten wir viele funkelnde sterne.	4

Die Nacht begann. Begeistert beobachteten wir viele funkelnde Sterne.

Nora räumt auf.

Zuerst muss Nora ihr Bett abziehen. Danach muss sie ihr Zimmer aufräumen.

Menschen entwickeln Raketen und entfernen sich mit ihnen von der Erde.

Wie viel wiegt Oma?

Oma ernährt sich richtig. Beim Blick auf die Waage muss sie nicht erschrecken.

Bilde Adjektive mit dem Wortbaustein -ig.

Not	-ig	nötig	Wald	-ig	waldig
Wolke	-ig	wolkig	Fluss	-ig	flüssig
Ruhe	-ig	ruhig	Sand	-ig	sandig
Fett	-ig	fettig	Spaß	-ig	spaßig
Ecke	-ig	eckig	Durst	-ig	durstig
Fleiß	-ig	fleißig	Draht	-ig	drahtig
Haufen	-ig	häufig	Dreck	-ig	dreckig
Maß	-ig	mäßig	Schatten	-ig	schattig
Kraft	-ig	kräftig	Vernunft	-ig	vernünftig
Wind	-ig	windig	Schmutz	-ig	schmutzig

Trage die Adjektive mit dem Wortbaustein -ig in die Lücken ein.

giftig	eckig	häufig	fleißig	durstig	neugierig
nötig	mutig	kräftig	flüssig	dreckig	vernünftig
ruhig	witzig	wolkig	sonnig	hungrig	schmutzig

reimt sich auf eckig: dreckig

oft, ständig: häufig

Hunger habend: hungrig

wolkenlos: sonnig

nicht sauber: schmutzig

lautlos, still: ruhig

stark, muskulös: kräftig

Ein Rechteck ist eckig .

Durst habend: durstig

wolkenbedeckt: wolkig

tapfer, furchtlos: mutig

lustig, komisch: witzig

wissbegierig: neugierig

notwendig: nötig

überlegt, klug: vernünftig

tüchtig: fleißig

 : giftig

weder fest noch gasförmig: flüssig

Mache das g in den Wörtern mit -ig durch Verlängern hörbar.

nötig	häufig	dreckig
nötige	häufige	dreckige
giftig	kräftig	hungrig
giftige	kräftige	hungrige
fettig	mäßig	schattig
fettige	mäßige	schattige
ruhig	wolkig	gefräßig
ruhige	wolkige	gefräßige
fertig	windig	lebendig
fertige	windige	lebendige
eckig	flüssig	zukünftig
eckige	flüssige	zukünftige
riesig	waldig	neugierig
riesige	waldige	neugierige
lustig	sandig	schwierig
lustige	sandige	schwierige
mutig	sonnig	vorsichtig
mutige	sonnige	vorsichtige
farbig	spaßig	vernünftig
farbige	spaßige	vernünftige
fleißig	durstig	schmutzig
fleißige	durstige	schmutzige
richtig	wichtig	vollständig
richtige	wichtige	vollständige

! Die Aufgabenstellung lässt unterschiedliche Lösungen zu.

-lich

Bilde Adjektive mit dem Wortbaustein -lich.

Tag	-lich	täglich	Natur	-lich	natürlich
Ehre	-lich	ehrlich	Ärger	-lich	ärgerlich
Ende	-lich	endlich	Glück	-lich	glücklich
Arzt	-lich	ärztlich	Angst	-lich	ängstlich
Jahr	-lich	jährlich	Mann	-lich	männlich
Wort	-lich	wörtlich	Herbst	-lich	herbstlich
Land	-lich	ländlich	Freund	-lich	freundlich
Frieden	-lich	friedlich	Gefahr	-lich	gefährlich
Sport	-lich	sportlich	Jugend	-lich	jugendlich
Raum	-lich	räumlich	Schreck	-lich	schrecklich

Trage die Adjektive mit dem Wortbaustein -lich in die Lücken ein.

täglich	jährlich	deutlich	glücklich	ordentlich	schrecklich
ehrlich	fröhlich	friedlich	pünktlich	gefährlich	erforderlich
ähnlich	herrlich	plötzlich	ängstlich	gesetzlich	empfindlich

durch Gesetze geregelt: gesetzlich
Tag für Tag: täglich
Jahr für Jahr: jährlich
von Angst erfüllt: ängstlich
von Glück erfüllt: glücklich
wunderbar: herrlich
furchtbar: schrecklich
ohne Gewalt: friedlich
gefahrvoll: gefährlich
nötig: erforderlich
vergnügt: fröhlich
empfindsam: empfindlich
nicht zu spät: pünktlich
auf einmal: plötzlich
nicht unähnlich: ähnlich
aufgeräumt: ordentlich
klar, genau, eindeutig: deutlich
aufrichtig: ehrlich

-bar, -isch, -haft, -los, -sam

Bilde Adjektive mit dem Wortbaustein -bar.

Halt	-bar	haltbar	Dank	-bar	dankbar
Strafe	-bar	strafbar	Furcht	-bar	furchtbar
Wahl	-bar	wählbar	Wunder	-bar	wunderbar

Bilde Adjektive mit dem Wortbaustein -isch.

Typ	-isch	typisch	Sturm	-isch	stürmisch
Tier	-isch	tierisch	Himmel	-isch	himmlisch
Kind	-isch	kindisch	Quadrat	-isch	quadratisch

Bilde Adjektive mit dem Wortbaustein -haft.

Rätsel	-haft	rätselhaft	Beispiel	-haft	beispielhaft
Fehler	-haft	fehlerhaft	Schreck	-haft	schreckhaft
Traum	-haft	traumhaft	Schmerz	-haft	schmerzhaft

Bilde Adjektive mit dem Wortbaustein -los.

Ziel	-los	ziellos	Glück	-los	glücklos
Maß	-los	maßlos	Gefahr	-los	gefahrlos
Kraft	-los	kraftlos	Schutz	-los	schutzlos

Bilde Adjektive mit dem Wortbaustein -sam.

Mühe	-sam	mühsam	Furcht	-sam	furchtsam
Sorge	-sam	sorgsam	Gewalt	-sam	gewaltsam
Arbeit	-sam	arbeitsam	Wunder	-sam	wundersam

Finde jeweils ein verwandtes Wort mit A/a.

erkälten	färben	die Fähre
kalt	Farbe	fahren
die Hände	die Länder	die Kämme
Hand	Land	Kamm
die Fächer	wärmer	die Schärfe
Fach	warm	scharf
die Gläser	die Gänse	es wächst
Glas	Gans	wachsen
täglich	die Ängste	die Schränke
Tag	Angst	Schrank
länger	die Wälder	der Träger
lang	Wald	tragen
die Stärke	nächtlich	der Fänger
stark	Nacht	fangen
kräftig	die Bäche	schwächer
Kraft	Bach	schwach
quälen	die Fußbälle	gefährlich
Qual	Fußball	Gefahr
älter	der Jäger	die Wäsche
Alter	jagen	waschen
ärmer	die Äpfel	er schläft
arm	Apfel	Schlaf
die Nähe	sie hält	das Päckchen
nah	halten	packen

! Die Aufgabenstellung lässt unterschiedliche Lösungen zu.

A/a wird Ä/ä

Finde jeweils ein verwandtes Wort mit A/a.

kälter	die Pässe	die Strände
kalt	Pass	Strand
blättern	die Dächer	er fängt
Blatt	Dach	fangen
die Gräser	stärker	er brät
Gras	stark	braten
jährlich	die Späße	die Bäckerin
Jahr	Spaß	backen
die Härte	wählen	sie trägt
hart	Wahl	tragen
die Häfen	es fällt	er gräbt
Hafen	fallen	graben
die Ärzte	schärfer	die Gärten
Arzt	scharf	Garten
näher	die Städte	der Schläger
nah	Stadt	schlagen
die Stäbe	die Wärme	sie lässt
Stab	warm	lassen
ländlich	die Väter	stämmig
Land	Vater	Stamm
die Nähte	die Brände	kämpfen
Naht	Brand	Kampf
verlängern	die Schwämme	die Schwäche
lang	Schwamm	schwach

Finde jeweils ein verwandtes Wort mit A/a.

zählen	verstärken	das Gewächs
Zahl	stark	wachsen
härter	die Plätze	kämmen
hart	Platz	Kamm
die Äste	die Zähne	verschärfen
Ast	Zahn	scharf
die Kälte	städtisch	das Gebäck
kalt	Stadt	backen
ärztlich	die Bänke	sie schlägt
Arzt	Bank	schlagen
die Blätter	männlich	sie fährt
Blatt	Mann	fahren
die Äxte	sie rät	schädlich
Axt	Rat	Schaden
nähern	die Drähte	er wäscht
nah	Draht	waschen
die Länge	hängen	schälen
lang	Hang	Schal
die Kälber	wärmen	die Stämme
Kalb	warm	Stamm
die Nässe	die Bänder	die Mäntel
nass	Band	Mantel
die Kräfte	ängstlich	das Gefängnis
Kraft	Angst	fangen

au wird äu

Finde jeweils ein verwandtes Wort mit au.

läuten	die Fäuste	es säuft
laut	Faust	saufen
einzäunen	die Bäume	die Sträucher
Zaun	Baum	Strauch
die Läuse	säuerlich	die Sträuße
Laus	sauer	Strauß
die Säue	aufräumen	der Verkäufer
Sau	Raum	Kauf
die Mäuler	er läuft	die Bräuche
Maul	laufen	Brauch
die Kräuter	träumen	die Schläuche
Kraut	Traum	Schlauch
bläulich	das Mäuerchen	gläubig
blau	Mauer	Glaube
die Bräute	bräunen	der Räuber
Braut	braun	Raub
die Häute	die Bäuche	schäumen
Haut	Bauch	Schaum
die Käuze	räuchern	häufig
Kauz	Rauch	Haufen
die Mäuse	das Gebäude	säubern
Maus	Bau	sauber
häuslich	der Däumling	der Säugling
Haus	Daumen	saugen

Schreibe die verwandten Wörter mit Ä/ä oder äu.

der Alarm	ä	der L ä rm	der Lärm
der Arzt	Ä	die Ä rztin	die Ärztin
die Nahrung	ä	ern ä hren	ernähren
die Naht	ä	n ä hen	nähen
kalt	ä	erk ä lten	erkälten
anders	ä	ä ndern	ändern
raten	ä	das R ä tsel	das Rätsel
schaffen	ä	das Gesch ä ft	das Geschäft
rauschen	äu	das Ger äu sch	das Geräusch
außen	äu	äu ßerlich	äußerlich

Ordne die Wörter zu Wortfamilien.

raten	sie riet	erraten	häufiger	anhäufen	verändern
häufig	anders	Haufen	geändert	rätselhaft	Häufigkeit
Rätsel	ändern	du rätst	Häufchen	Änderung	du änderst

Wortstamm RAT

raten	sie riet	erraten
rätselhaft	Rätsel	du rätst

Wortstamm HAUF

häufiger	anhäufen	häufig
Haufen	Häufigkeit	Häufchen

Wortstamm ANDER

verändern	anders	geändert
ändern	Änderung	du änderst

Wortfamilien

Ordne die Wörter zu Wortfamilien.

klar	klären	es hing	erklären	geräumig	Anhänger
Land	landen	räumen	Gelände	aufklären	sie erklärt
Hang	Ängste	Klärung	räumlich	es träumt	aufräumen
Raum	Länder	ländlich	es hängt	verträumt	verängstigt
Angst	Räume	träumen	ängstlich	traumhaft	Landschaft
Traum	hängen	Vorhang	geträumt	ängstigen	Ängstigung

Wortstamm KLAR		
klar	klären	erklären
aufklären	sie erklärt	Klärung

Wortstamm LAND		
Land	landen	Gelände
Länder	ländlich	Landschaft

Wortstamm HÄNG		
es hing	Anhänger	Hang
es hängt	hängen	Vorhang

Wortstamm RAUM		
geräumig	räumen	räumlich
aufräumen	Raum	Räume

Wortstamm ANGST		
Ängste	verängstigt	Angst
ängstlich	ängstigen	Ängstigung

Wortstamm TRÄUM		
es träumt	verträumt	träumen
traumhaft	Traum	geträumt

Unterstreiche Satzanfänge und Nomen und schreibe richtig.

X	ohne europäerinnen und europäer wäre europa nicht sonderlich europäisch.	4
X	der lärm der lärmenden kinder übertönte den alarm schlagenden lehrer.	5
X	die ärztin erzählt dem arzt einen lustigen witz über ärztinnen und ärzte.	6
X	alle brauchen nahrung. die ernährung ist wichtig. ernährst du dich richtig?	5

Die Ärztin erzählt dem Arzt einen lustigen Witz über Ärztinnen und Ärzte.

Der Lärm der lärmenden Kinder übertönte den Alarm schlagenden Lehrer.

Ohne Europäerinnen und Europäer wäre Europa nicht sonderlich europäisch.

Gemüse ist gesund.

Alle brauchen Nahrung. Die Ernährung ist wichtig. Ernährst du dich richtig?

Schreibe die Texte auf Seite 56 neben die passenden Bilder.

X	Klara kann klar und deutlich erklären. Klaras Erklärungen klären einiges.
X	Benötigt eine Ärztin oder ein Arzt für eine Naht am Fuß eine Nähmaschine?
X	Ein jeder ist anders als jeder andere und wir alle verändern uns ständig.
X	Das Rätsel ist Rainer viel zu rätselhaft. Er kann die Lösung nur erraten.
X	Die Beschäftigten wollen von nun an täglich Ordnung im Geschäft schaffen.
X	Omi äußert sich auch außerhalb der Stadt über Opis lustige Äußerungen.

Markiere Trennstellen und schreibe die Wörter getrennt auf.

häufig	quälen	stärken	Gebäude
kräftig	Länder	träumen	Geschäft
ärgern	ändern	erklären	aufräumen

häu-fig	quä-len
stär-ken	Ge-bäu-de
kräf-tig	Län-der
träu-men	Ge-schäft
är-gern	än-dern
er-klä-ren	auf-räu-men

Abschreiben

Schreibe die Texte von Seite 55 neben die passenden Bilder.

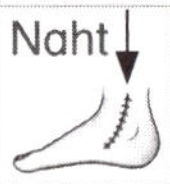

Benötigt eine Ärztin oder ein Arzt für eine Naht am Fuß eine Nähmaschine?

Opi ist sehr lustig.

Omi äußert sich auch außerhalb der Stadt über Opis lustige Äußerungen.

Rainer muss raten.

Das Rätsel ist Rainer viel zu rätselhaft. Er kann die Lösung nur erraten.

Klara klärt einiges.

Klara kann klar und deutlich erklären. Klaras Erklärungen klären einiges.

Jeder ist anders.

Ein jeder ist anders als jeder andere und wir alle verändern uns ständig.

Ordnung

Die Beschäftigten wollen von nun an täglich Ordnung im Geschäft schaffen.

Eu/eu

Trage die Wörter mit Eu/eu in die Lücken ein.

neu	Euro	feucht	steuern	Zeugnis	Kreuzung
treu	Kreuz	Steuer	deutsch	leuchten	Feuchtigkeit
neun	Feuer	Europa	deutlich	Flugzeug	Deutschland

Der Kapitän steht am Steuer. Die Sterne leuchten.

Gert wischt den Boden immer nur feucht. €: Euro

Nässe: Feuchtigkeit noch ungebraucht: neu

Luftfahrzeug: Flugzeug reimt sich auf neu: treu

Land: Deutschland Kontinent: Europa

Ein Bus überquert die Kreuzung. Brand: Feuer

lenken: steuern Wer ankreuzt, macht ein Kreuz.

Beurteilung in der Schule: Zeugnis Zahl: neun

klar, genau: deutlich Igor spricht gut deutsch.

Trage die Wörter mit Eu/eu in die Lücken ein.

Europa/Kreuz	treue/Freundin	Flugzeug/deutlich	feucht/Feuchtigkeit
Zeugnis/Feuer	Steuer/gesteuert	Kreuzung/leuchtet	Deutschland/deutsch

Die Luft ist feucht. Sie enthält Feuchtigkeit.

In Deutschland spricht man deutsch.

Die Ampel an der Kreuzung leuchtet rot.

Ina ist Tina seit Jahren eine treue Freundin.

Ein Flugzeug ist deutlich größer als ein Floh.

Das Fahrzeug wird mit einem Steuer gesteuert.

Mit einem Zeugnis zündet man kein Feuer an.

Nicht nur in Europa ist das Pluszeichen ein Kreuz.

Trage die Wörter mit Qu/qu in die Lücken ein.

quer	Qualm	quaken	bequem	Quatsch	quetschen
Quiz	Qualle	quieken	Quadrat	Quartier	unbequem
Qual	Quelle	exquisit	Quartett	Querflöte	überqueren

Instrument: Querflöte • gemütlich: bequem

Viereck: Quadrat • ungemütlich: unbequem

Die Frösche quaken. • Die Ferkel quieken.

Kartenspiel: Quartett • Frage-Antwort-Spiel: Quiz

Meerestier: Qualle • schief, schräg, diagonal: quer

Unsinn: Quatsch • einklemmen: quetschen

Rauch: Qualm • reimt sich auf Stelle: Quelle

Leid, Elend: Qual • eine Straße überqueren

Unterkunft: Quartier • hervorragend: exquisit

Trage die Wörter mit Qu/qu in die Lücken ein.

Qualm/Qual	quer/Quadrate	Quelle/bequem	Aquarium/Qualle
Quitte/Quarz	quietscht/quält	überquert/quiekt	Querflöte/Quartett

In Alis Aquarium schwimmt eine riesige Qualle.

Gert spielt oft Querflöte und Erni Quartett.

Die Quelle des Flusses ist bequem zu erreichen.

Das Ferkel überquert eine Brücke und quiekt.

Der Qualm von Zigaretten ist für viele eine Qual.

Lilli liebt quer gestreifte Latzhosen und Quadrate.

Die Kreide quietscht. Das Geräusch quält uns.

Die Quitte ist eine Frucht und Quarz ein Mineral.

Merkwörter mit chs

Trage die Merkwörter mit chs in die Lücken ein.

sechs	Fuchs	Ochse	Achsel	Gewächs	erwachsen
Lachs	Echse	Dachs	Büchse	wechseln	sechshundert
Luchs	Achse	Wachs	Sachsen	Sechseck	sechstausend

Fisch: Lachs ◦ Erwachsene sind erwachsen.

6000: sechstausend ◦ Raubkatze: Luchs

deutsches Bundesland: Sachsen ◦ Reptil: Echse

ein männliches Rind: Ochse ◦ Pflanze: Gewächs

600: sechshundert ◦ Dose, Box: Büchse

Baustoff für Bienenwaben: Wachs ◦ Wagenteil: Achse

Körperbereich: Achsel ◦ austauschen: wechseln

Raubtier aus der Familie der Marder: Dachs ◦ *6*: sechs

Vieleck: Sechseck ◦ rötlich braunes Raubtier: Fuchs

Trage die Merkwörter mit chs in die Lücken ein.

Lachs/Achseln	wuchs/Sachsen	Dachs/Sechseck	Luchse/Nachwuchs
Dachse/Wachs	Fuchs/wechseln	sechs/erwachsen	wachsen/Gewächse

Mit sechs Jahren ist man nicht erwachsen.

Olivers Oma wuchs in Sachsen auf.

Kann der schlaue Fuchs einen Reifen wechseln?

In Idas Garten wachsen Tausende Gewächse.

Kein Dachs kann ein Sechseck zeichnen.

Dachse bauen ihren Bau nicht aus Wachs.

Ein Lachs kann nicht unter den Achseln schwitzen.

Die Luchse haben Nachwuchs bekommen.

Lange und kurze Vokale

Werden die Vokale lang (—) oder kurz (●) gesprochen?

Glück ●	Gefahr —	nass ●	während —	Teller ●	Nuss ●
Beruf —	grüßen —	voll ●	Nummer ●	glühen —	Brille ●
Ruhe —	Straße —	kühl —	Schlüssel ●	Wecker ●	Säge —
Blick ●	Gefühl —	bloß —	schwitzen ●	Messer ●	Dreck ●
Block ●	Hitze ●	brav —	bestimmt ●	Quelle ●	Fluss ●
Draht —	Tasse ●	Reh —	brennen ●	trocken ●	Stoff ●
Lehrer —	Naht —	hohl —	Gewitter ●	rühren —	Vase —
Fehler —	Bäcker ●	klar —	Schatten ●	bohren —	Stuhl —
Strom —	fressen ●	Müll ●	Nahrung —	hoffen ●	Pass ●
Löffel ●	besser ●	spät —	erzählen —	drehen —	Lohn —
Tanne ●	erleben —	glatt ●	erklären —	Donner ●	Qual —
Stamm ●	fröhlich —	süß —	bequem —	führen —	Blitz ●

Trage die Wörter mit ie in die Lücken ein.

tief	Stiel	frieren	Spiegel	friedlich	verbieten
Ziel	Miete	ziehen	niemals	kriechen	schwierig
Lied	Kiefer	riechen	Beispiel	vielleicht	Spaziergang

kompliziert: schwierig • Der Pfeil verfehlt das Ziel.

Wanderung: Spaziergang • Simon singt ein Lied.

Nadelbaum: Kiefer • krabbeln, robben: kriechen

frösteln: frieren • auf keinen Fall, nie: niemals

Gegenteil von hoch: tief • untersagen: verbieten

schleppen, zerren: ziehen • gewaltfrei: friedlich

Bettina betrachtet sich im Spiegel. • Eis am Stiel

schnüffeln: riechen • möglicherweise: vielleicht

Fiete wohnt zur Miete. • Muster, Vorbild: Beispiel

Trage die Wörter mit ie in die Lücken ein.

gießt/biegt	wiegt/verlieren	schief/informiert	Kriegen/geschieht
fließt/tiefer	Lieder/schwieg	Frieden/schließen	skizziert/niemanden

Greta gießt Blumen. Danach biegt sie Drähte gerade.

In Kriegen geschieht viel Leid und Unrecht.

Alle sangen fröhliche Lieder. Nur Erna schwieg.

Ein Bild hängt schief! Erni informiert Gert.

Wir alle sollten untereinander Frieden schließen.

Opa wiegt zu viel. Er sollte Gewicht verlieren.

Der Rhein fließt durch Köln. Er ist tiefer als Pfützen.

Der Künstler skizziert heute niemanden.

Schreibe die Reimwörter mit ie.

☒ Knie ☒ wie ☒ nie ☒ die ☐ Niete

Knie wie nie die

☒ Stiel ☒ Ziel ☒ Spiel ☒ viel ☐ vielleicht

Stiel Ziel Spiel viel

☒ Brief ☒ tief ☒ schief ☐ es liest ☒ er schlief

Brief tief schief er schlief

☐ Miete ☒ biegen ☒ liegen ☒ fliegen ☒ wiegen

biegen liegen fliegen wiegen

☐ fließen ☒ Riese ☒ Wiese ☒ diese

Riese Wiese diese

☒ Spiegel ☒ Ziegel ☒ Riegel ☐ Beispiel

Spiegel Ziegel Riegel

☒ lieben ☐ Tiefe ☒ sieben ☒ schieben

lieben sieben schieben

☒ gießen ☒ fließen ☐ wiegen ☒ schließen

gießen fließen schließen

☒ zielen ☒ spielen ☒ wir fielen ☐ spiegeln

zielen spielen wir fielen

☒ frieren ☐ Frieden ☒ verlieren ☒ spazieren

frieren verlieren spazieren

☒ addieren ☐ verbieten ☒ skizzieren ☒ studieren

addieren skizzieren studieren

☒ nummerieren ☐ niemanden ☒ informieren

nummerieren informieren

Silbentrennung

Markiere Trennstellen und schreibe die Wörter getrennt auf.

Tiefe	biegen	Zwiebel	schwierig
Miete	gießen	niemand	probieren
Stiele	fliegen	spiegeln	schmieren
Wiese	wiegen	kriechen	niemanden
Kiefer	spielen	schieben	informieren
Lieder	riechen	verlieren	subtrahieren
Kriege	Spiegel	verbieten	Schwierigkeit
frieren	niemals	halbieren	buchstabieren

Tie-fe
Zwie-bel
Mie-te
nie-mand
Stie-le
spie-geln
Wie-se
krie-chen
Kie-fer
schie-ben
Lie-der
ver-lie-ren
Krie-ge
ver-bie-ten
frie-ren
hal-bie-ren

bie-gen
schwie-rig
gie-ßen
pro-bie-ren
flie-gen
schmie-ren
wie-gen
nie-man-den
spie-len
in-for-mie-ren
rie-chen
sub-tra-hie-ren
Spie-gel
Schwie-rig-keit
nie-mals
buch-sta-bie-ren

! Das Trennen von Wörtern mit ie sollte mit den Kindern besprochen werden.

Verben

Ordne die Verbformen zu.

liebt	riecht	lag	liebte	geliebt	verboten
liegt	kriecht	fror	schob	gelegen	gewogen
friert	verliert	bog	verlor	gespielt	gerochen
biegt	schiebt	wog	verbot	verloren	gekrochen
wiegt	spiegelt	roch	spielte	gefroren	gespiegelt
spielt	verbietet	kroch	spiegelte	gebogen	geschoben

riechen	biegen	wiegen
es riecht	er biegt	es wiegt
es roch	er bog	es wog
es hat gerochen	er hat gebogen	es hat gewogen
lieben	**verlieren**	**schieben**
sie liebt	sie verliert	er schiebt
sie liebte	sie verlor	er schob
sie hat geliebt	sie hat verloren	er hat geschoben
spielen	**frieren**	**spiegeln**
es spielt	es friert	es spiegelt
es spielte	es fror	es spiegelte
es hat gespielt	es hat gefroren	es hat gespiegelt
liegen	**verbieten**	**kriechen**
es liegt	er verbietet	es kriecht
es lag	er verbot	es kroch
es hat gelegen	er hat verboten	es ist gekrochen

Verben

Ordne die Verbformen zu.

rät	bleibt	lief	blieb	geraten	geschrien
ruft	schläft	riet	schrie	gerufen	geblieben
hält	schreit	rief	schien	gehalten	geschlafen
läuft	scheint	rieb	schlief	gelaufen	geschienen
reibt	schreibt	hielt	schrieb	gerieben	geschrieben
steigt	schweigt	stieg	schwieg	gestiegen	geschwiegen

raten	reiben	schreiben
sie rät	es reibt	er schreibt
sie riet	es rieb	er schrieb
sie hat geraten	es hat gerieben	er hat geschrieben
laufen	**steigen**	**schlafen**
sie läuft	er steigt	sie schläft
sie lief	er stieg	sie schlief
sie ist gelaufen	er ist gestiegen	sie hat geschlafen
rufen	**schreien**	**schweigen**
sie ruft	es schreit	er schweigt
sie rief	es schrie	er schwieg
sie hat gerufen	es hat geschrien	er hat geschwiegen
halten	**bleiben**	**scheinen**
es hält	sie bleibt	sie scheint
es hielt	sie blieb	sie schien
es hat gehalten	sie ist geblieben	sie hat geschienen

Unterstreiche Satzanfänge und Nomen und schreibe richtig.

X	während des spaziergangs sang oma lieder über die liebe. opa schwieg lieber.	6
X	zu hohe mieten bringen die mieter in schwierigkeiten. viele müssen umziehen.	5
X	elf kinder spielen tiere. sieben fliegen wie bienen und vier riechen an zwiebeln.	6
X	diesen dienstag biegt marie die schiefe kiefer auf der wiese wieder gerade.	5

Während des Spaziergangs sang Oma Lieder über die Liebe. Opa schwieg lieber.

Elf Kinder spielen Tiere. Sieben fliegen wie Bienen und vier riechen an Zwiebeln.

Marie biegt Kiefern.

Diesen Dienstag biegt Marie die schiefe Kiefer auf der Wiese wieder gerade.

Zu hohe Mieten bringen die Mieter in Schwierigkeiten. Viele müssen umziehen.

Schreibe die Texte auf Seite 68 neben die passenden Bilder.

X	Gehen Bienen spazieren und wann frieren sie? Diese Fragen interessieren Sophie.
X	Können Fliegen liegen und wie viel wiegen sie? Diese Fragen interessieren Marie.
X	Können Ziegen kriechen und wie riechen sie? Diese Fragen interessieren niemanden.
X	Wir spiegeln Stiele von Blumen und Tiere aus Papier mit einem Spiegel.
X	Vielleicht geschieht ja ein Wunder und die fiesen Riesen schließen Frieden.
X	Flüsse fließen niemals in die Höhe. Dies verbieten die Gesetze der Natur.

Markiere Trennstellen und schreibe die Wörter getrennt auf.

fried|lich	Frie|den	Bei|spiel	Bei|spie|le
Fließ|band	flie|ßen	schließ|lich	schlie|ßen
Ziel|schei|be	zie|len	Spa|zier|gang	spa|zie|ren

fried-lich — Frie-den
Bei-spiel — Bei-spie-le
Fließ-band — flie-ßen
schließ-lich — schlie-ßen
Ziel-schei-be — zie-len
Spa-zier-gang — spa-zie-ren

Abschreiben

Schreibe die Texte von Seite 67 neben die passenden Bilder.

Können Ziegen kriechen und wie riechen sie? Diese Fragen interessieren niemanden.

Flüsse fließen niemals in die Höhe. Dies verbieten die Gesetze der Natur.

Wir spiegeln Stiele von Blumen und Tiere aus Papier mit einem Spiegel.

Gehen Bienen spazieren und wann frieren sie? Diese Fragen interessieren Sophie.

Können Fliegen liegen und wie viel wiegen sie? Diese Fragen interessieren Marie.

Vielleicht geschieht ja ein Wunder und die fiesen Riesen schließen Frieden.

Trage die Wörter mit ll in die Lücken ein.

still	Fell	Müll	rollen	Füller	Kontrolle
hell	Ball	billig	Teller	Schall	vollständig
null	Willi	Brille	fallen	schnell	Herstellung

Sehhilfe: Brille • Gegenteil von langsam: schnell

Spielzeug oder Sportgerät: Ball • nicht teuer: billig

Der Jet ist schneller als der Schall. • Zahlwort: null

ruhig, leise: still • Anfertigung: Herstellung

Die Sterne leuchten hell. • Teil des Geschirrs: Teller

Schreibgerät: Füller • stürzen, umkippen: fallen

Für Purzelbäume muss man rollen. • Abfall: Müll

behaarte Tierhaut: Fell • Überprüfung: Kontrolle

Name: Willi • völlig, komplett: vollständig

Trage die Wörter mit ll in die Lücken ein.

stellt/alle	wollen/Füller	Mülleimer/voll	Turnhalle/Bällen
Teller/fällt	will/herstellen	Schall/schneller	Brille/vollständig

Erna stellt alle Wecker im Haus auf Mitternacht.

Viele Kinder wollen mit einem Füller schreiben.

Wir werfen in der Turnhalle mit Bällen.

Der Teller fällt zu Boden und zerspringt.

Der Mülleimer in der Küche ist voll.

Britneys Brille ist vollständig beschlagen.

Der Schall ist schneller als jeder Vogel.

Omi will eine Internetverbindung herstellen.

Trage die Wörter mit mm in die Lücken ein.

Lamm	immer	Stamm	stimmen	Hammer	Trommel
dumm	stumm	Summe	Hummel	Nummer	bestimmt
Kamm	krumm	Zimmer	Sommer	Pommes	Schlamm

nicht klug: dumm

Teil des Baumes: Stamm

still: stumm

Insekt: Hummel

Additionsergebnis: Summe

ständig, jedes Mal: immer

richtig sein: stimmen

junges Schaf: Lamm

Matsch: Schlamm

Erni wählt Gerts Nummer.

Jahreszeit: Sommer

Kai kämmt sich mit einem Kamm.

Schlaginstrument: Trommel

Raum: Zimmer

gebogen: krumm

Werkzeug: Hammer

gewiss, sicher: bestimmt

frittierte Speise: Pommes

Trage die Wörter mit mm in die Lücken ein.

kämmt/Kamm	Zimmer/Nummer	Sommer/schwimmt	Dummheit/schlimme
nimmt/Pommes	Stämme/stammen	nummeriert/Himmel	sammelt/bestimmter

Nina nimmt Öl zum Frittieren der Pommes.

Alle Zimmer des Hotels haben eine Nummer.

Im Sommer schwimmt Omi im Freibad.

Die Stämme stammen aus dem Stadtwald.

Oma sammelt Bilder bestimmter Künstler.

Manche Dummheit hat schlimme Folgen.

Ina nummeriert die Wolken am Himmel.

Ein Hahn kämmt sich nicht mit seinem Kamm.

Trage die Wörter mit nn in die Lücken ein.

Zinn	dann	Tanne	rennen	brennen	beginnen
Kinn	wann	Kanne	können	Sonntag	gewinnen
dünn	Mann	Tennis	Donner	Finnland	Verbrennung

Nadelbaum: Tanne • anfangen: beginnen

Teil des Gesichts: Kinn • laufen, eilen: rennen

Fragewort: wann • Tag vor Montag: Sonntag

Gegenteil von dick: dünn • Blitz und Donner

danach: dann • in Flammen stehen: brennen

ein Ballspiel: Tennis • siegen: gewinnen

eine männliche Person: Mann • Gefäß: Kanne

fähig sein: können • Land: Finnland

Metall: Zinn • Brandwunde: Verbrennung

Trage die Wörter mit nn in die Lücken ein.

wann/kennen	gewann/Tanne	rannte/Männern	verbrannte/Pfanne
Mann/dünnen	donnert/Tunnel	Sonne/verbrennen	Donnerstag/begann

Die Sonne kann die Haut verbrennen.

Am Donnerstag begann die Schule.

Die Wurst verbrannte in der Pfanne.

Anne gewann eine Tanne bei einer Tombola.

Rita rannte mit Männern um die Wette.

Seit wann kennen sich Erni und Gert?

Ronny ist ein Mann mit dünnen Beinen.

Der Zug donnert durch einen Tunnel.

Schreibe die Reimwörter mit ll, mm und nn.

☒ kann	☒ wann	☐ wenn	☒ dann	☒ Mann
kann	wann	dann	Mann	
☐ fallen	☒ sollen	☒ wollen	☒ rollen	☒ grollen
sollen	wollen	rollen	grollen	
☒ Zelle	☒ Welle	☒ Stelle	☐ Brille	☒ Quelle
Zelle	Welle	Stelle	Quelle	
☒ Ball	☐ still	☒ Stall	☒ Knall	☒ Schall
Ball	Stall	Knall	Schall	
☒ Kanne	☒ Tanne	☒ Wanne	☐ Mann	☒ Pfanne
Kanne	Tanne	Wanne	Pfanne	
☐ billig	☒ Rille	☒ Stille	☒ Brille	☒ Grille
Rille	Stille	Brille	Grille	
☒ voll	☐ Rolle	☒ soll	☒ toll	☒ Zoll
voll	soll	toll	Zoll	

☒ dumm	☒ krumm	☒ stumm	☐ Stamm
dumm	krumm	stumm	
☐ Brunnen	☒ drinnen	☒ beginnen	☒ gewinnen
drinnen	beginnen	gewinnen	
☒ rennen	☐ donnern	☒ kennen	☒ brennen
rennen	kennen	brennen	
☒ Kamm	☐ dumm	☒ Stamm	☒ Programm
Kamm	Stamm	Programm	
☒ Hummer	☐ Hummel	☒ Kummer	☒ Nummer
Hummer	Kummer	Nummer	

Verben

Ordne die Verbformen zu.

stimmt	sammelt	begann	sammelte	erkannt	gewonnen
beginnt	stellt her	gewann	schwamm	gestimmt	hergestellt
erkennt	verbrennt	stimmte	stellte her	verbrannt	gesammelt
donnert	schwimmt	erkannte	verbrannte	begonnen	nummeriert
gewinnt	nummeriert	donnerte	nummerierte	gedonnert	geschwommen

erkennen	sammeln
er erkennt	er sammelt
er erkannte	er sammelte
er hat erkannt	er hat gesammelt
beginnen	**verbrennen**
es beginnt	es verbrennt
es begann	es verbrannte
es hat begonnen	es ist verbrannt
stimmen	**nummerieren**
es stimmt	sie nummeriert
es stimmte	sie nummerierte
es hat gestimmt	sie hat nummeriert
gewinnen	**schwimmen**
sie gewinnt	sie schwimmt
sie gewann	sie schwamm
sie hat gewonnen	sie ist geschwommen
donnern	**herstellen**
es donnert	er stellt her
es donnerte	er stellte her
es hat gedonnert	er hat hergestellt

Wortfamilien

Ordne die Wörter zu Wortfamilien.

stellen	Kenntnis	sie rannte	zusammen	Brennnessel
rennen	sammeln	Rennbahn	wegrennen	Verbrennung
kennen	bestellen	sie kannte	Herstellung	Schwimmbad
bekannt	erkennen	Bestellung	schwimmen	sie schwamm
brennen	Bekannte	es brannte	Ausstellung	Versammlung
Rennrad	herstellen	Sammlung	Rennwagen	Schwimmbecken

Wortstamm STELL

stellen, bestellen, Herstellung
Bestellung, Ausstellung, herstellen

Wortstamm KENN

Kenntnis, kennen, sie kannte
bekannt, erkennen, Bekannte

Wortstamm RENN

sie rannte, rennen, Rennbahn
wegrennen, Rennrad, Rennwagen

Wortstamm BRENN

Brennnessel, Verbrennung
brennen, es brannte

Wortstamm SAMMEL

zusammen, sammeln
Versammlung, Sammlung

Wortstamm SCHWIMM

Schwimmbad, schwimmen
sie schwamm, Schwimmbecken

ss

Trage die Wörter mit ss in die Lücken ein.

nass	Fluss	Klasse	fressen	messen	Schlüssel
Pass	Tasse	besser	Messer	bisschen	vergessen
Nuss	Kissen	Sessel	Wasser	Russland	Flüssigkeit

Im Schloss steckt der Schlüssel. ◦ Ausweis: Pass

Fieber kann man messen. ◦ Land: Russland

Frucht mit harter Schale: Nuss ◦ Der Rhein ist ein Fluss.

Teil des Essbestecks: Messer ◦ Trinkgefäß: Tasse

etwas, wenig: bisschen ◦ Im Topf kocht das Wasser.

Teil des Bettzeugs: Kissen ◦ verschlingen: fressen

Wasser ist eine Flüssigkeit. ◦ Sitzmöbel: Sessel

mehr als gut: besser ◦ Pia geht in die vierte Klasse.

nicht behalten: vergessen ◦ feucht, triefend: nass

Trage die Wörter mit ss in die Lücken ein.

isst/frisst	schloss/biss	wusste/Flüsse	Schluss/nass
lässt/Kuss	vergoss/floss	müssen/Pässe	Kompasse/interessante

Mit dem schönen Wetter ist jetzt Schluss. Es wird nass.

Tim schloss die Augen und biss in den saftigen Apfel.

Erna wusste viel über die Flüsse Inn und Elbe.

Mama lässt Mia nicht ohne einen Kuss aus dem Haus.

Die Passagiere müssen ihre Pässe zeigen.

Kompasse sind interessante Geräte.

Inge isst Ingwer und Bello frisst eine riesige Wurst.

Gero vergoss Soße und diese floss über den Tisch.

Trage die Wörter mit tt in die Lücken ein.

satt	glatt	bitten	Mutter	Gewitter	schütteln
Fett	Blatt	Mittag	Wetter	Schatten	Spaghetti
Bett	Mitte	Natter	klettern	Mittwoch	Schmetterling

Unwetter: Gewitter

Wochentag: Mittwoch

Nudelsorte: Spaghetti

nicht mehr hungrig: satt

Insekt: Schmetterling

Tageszeit: Mittag

Wir haben sonniges Wetter.

Elternteil: Mutter

durchrütteln: schütteln

Teil der Pflanze: Blatt

Bäume spenden Schatten.

Schlange: Natter

aufsteigen, erklimmen: klettern

Möbelstück: Bett

Es riecht nach ranzigem Fett.

Zentrum, Inneres: Mitte

flehen, ersuchen: bitten

rutschig, glitschig: glatt

Trage die Wörter mit tt in die Lücken ein.

Brett/glatt	Wetter/Bett	Mutter/klettert	Mittag/Gewitter
Butter/Fett	Mittwoch/fett	Mitte/Schatten	schüttelt/Blätter

Lottis Mutter klettert sehr gerne auf Bäume.

Am Mittwoch war das Essen in der Schule zu fett.

Der Tischler hobelt ein Brett glatt.

Heute Mittag gab es ein heftiges Gewitter.

Der fiese Riese schüttelt Blätter vom Baum.

Bei schlechtem Wetter liegt Ina am liebsten im Bett.

Butter enthält sehr viel Fett.

In der Mitte des Tages ist Heinis Schatten kurz.

ff pp

Trage die Wörter mit ff und pp in die Lücken ein.

Affe	offen	Schiff	treffen	Treppe	doppelt
Griff	Neffe	Koffer	Suppe	Grippe	Kartoffel
Stoff	Löffel	hoffen	Puppe	Lippen	Differenz

Pflanze: Kartoffel ◦ männlicher Verwandter: Neffe

Subtraktionsergebnis: Differenz ◦ Säugetier: Affe

Nino näht Kleidung aus Stoff . ◦ Gepäckstück: Koffer

nicht verschlossen: offen ◦ flüssige Speise: Suppe

Kann Kai ins Schwarze treffen ? ◦ Aufgang: Treppe

Die Marionette ist eine Puppe . ◦ Krankheit: Grippe

Wasserfahrzeug: Schiff ◦ erträumen, ersehnen: hoffen

Die Tür hat einen Griff . ◦ Teil des Mundes: Lippen

Teil des Essbestecks: Löffel ◦ zweifach: doppelt

Trage die Wörter mit ff und pp in die Lücken ein.

Affe/Löffel	Schiff/hoffen	Neffen/treffen	Treppe/Lappen
schafft/Stoff	getroffen/trifft	Puppe/Grippe	hoffentlich/offen

Tante Tina möchte gerne ihre 84 Neffen treffen .

Eine Puppe kann keine fiebrige Grippe haben.

Toni hat ins Tor getroffen . Toni trifft nicht oft.

Wir fahren mit dem Schiff und hoffen auf gutes Wetter.

Sven säubert die Treppe mit einem Lappen .

Der Künstler schafft Kunstwerke aus Ton und Stoff .

Erni lässt hoffentlich nicht die Haustür offen .

Kann ein Affe Suppe mit einem Löffel essen?

Schreibe die Reimwörter mit ff, pp, ss und tt.

☒ Tasse	☒ Kasse	☒ Masse	☒ Klasse	☐ besser
Tasse	Kasse	Masse	Klasse	
☒ satt	☒ platt	☐ fett	☒ glatt	☒ Blatt
satt	platt	glatt	Blatt	
☒ Suppe	☐ Grippe	☒ Puppe	☒ Gruppe	☒ Schuppe
Suppe	Puppe	Gruppe	Schuppe	
☒ Kuss	☒ Nuss	☒ muss	☐ Pass	☒ Fluss
Kuss	Nuss	muss	Fluss	
☒ Pass	☒ nass	☐ Boss	☒ Fass	☒ Bass
Pass	nass	Fass	Bass	
☐ Blatt	☒ Bett	☒ fett	☒ nett	☒ Brett
Bett	fett	nett	Brett	
☒ passen	☐ wissen	☒ lassen	☒ fassen	☒ hassen
passen	lassen	fassen	hassen	
☒ bitter	☐ Wetter	☒ Gitter	☒ Ritter	☒ Gewitter
bitter	Gitter	Ritter	Gewitter	

☒ messen	☐ wissen	☒ fressen	☒ vergessen
messen	fressen	vergessen	
☐ schaffen	☒ offen	☒ hoffen	☒ getroffen
offen	hoffen	getroffen	
☐ bisschen	☒ Rüssel	☒ Schüssel	☒ Schlüssel
Rüssel	Schüssel	Schlüssel	
☒ er frisst	☒ er misst	☐ er lässt	☒ er vergisst
er frisst	er misst	er vergisst	

Verben

Ordne die Verbformen zu.

isst	bittet	aß	hoffte	gehofft	gelassen
trifft	misst	bat	passte	gepasst	geklettert
hofft	muss	traf	vergaß	gebeten	gegessen
weiß	passt	ließ	wusste	gewusst	gefressen
lässt	klettert	fraß	musste	gemusst	gemessen
frisst	vergisst	maß	kletterte	getroffen	vergessen

bitten	treffen	messen
sie bittet	er trifft	er misst
sie bat	er traf	er maß
sie hat gebeten	er hat getroffen	er hat gemessen
hoffen	**müssen**	**fressen**
sie hofft	es muss	es frisst
sie hoffte	es musste	es fraß
sie hat gehofft	es hat gemusst	es hat gefressen
wissen	**lassen**	**essen**
er weiß	es lässt	sie isst
er wusste	es ließ	sie aß
er hat gewusst	es hat gelassen	sie hat gegessen
passen	**klettern**	**vergessen**
es passt	er klettert	er vergisst
es passte	er kletterte	er vergaß
es hat gepasst	er ist geklettert	er hat vergessen

Ordne die Wörter zu Wortfamilien.

Fluss	Einfluss	Interesse	aufpassen	ausmessen
hoffen	passend	Flussbett	hoffentlich	sie vergisst
flüssig	es passt	Überfluss	Flüssigkeit	interessieren
gehofft	es hoffte	unverhofft	unpassend	Durchmesser
passen	sie misst	vergessen	interessant	unvergesslich
messen	Hoffnung	verpassen	interessiert	Vergesslichkeit

Wortstamm PASS

aufpassen	passend	es passt
unpassend	passen	verpassen

Wortstamm HOFF

hoffen	hoffentlich	gehofft
es hoffte	unverhofft	Hoffnung

Wortstamm FLUSS

Fluss	Einfluss	Flussbett
flüssig	Überfluss	Flüssigkeit

Wortstamm MESS

ausmessen	Durchmesser
sie misst	messen

Wortstamm VERGESS

sie vergisst	vergessen
unvergesslich	Vergesslichkeit

Wortstamm INTERESS

Interesse	interessieren
interessant	interessiert

bb dd gg rr

Trage die Wörter mit bb, dd, gg und rr in die Lücken ein.

Herr	Dürre	Dogge	Flagge	Gitarre	knurren
Ebbe	Teddy	Robbe	Paddel	Krabbe	Roggen
schnurren	Hobby	Barren	Bagger	Widder	Pudding

Der Magen kann knurren. Fahne: Flagge

Häkeln ist Hannelores Hobby. Getreideart: Roggen

Katzen können schnurren. Haushund: Dogge

große Baumaschine: Bagger Turngerät: Barren

Spielzeugbär: Teddy extreme Trockenheit: Dürre

Der Flut folgt die Ebbe. Süßspeise: Pudding

Pia paddelt mit dem Paddel. Krebstier: Krabbe

im Wasser lebendes Säugetier: Robbe Mann: Herr

Musikinstrument: Gitarre Schafbock: Widder

Trage die Wörter mit bb, dd, gg und rr in die Lücken ein.

Herr/Barren	Ebbe/Krabben	Roggen/Flagge	Teddys/Pudding
Gitarre/knurrt	starrt/Geschirr	Dogge/Baggers	Robben/Hobby

Ein älterer Herr turnt eine Übung am Barren.

Lea spielt Gitarre und ihr Hund knurrt dazu.

Hugo füttert gerne Robben. Das ist sein Hobby.

Die Dogge beschnüffelt die Schaufel des Baggers.

Neben dem Feld mit Roggen weht eine Flagge.

Ulf starrt entgeistert auf das schmutzige Geschirr.

Man sollte Teddys nicht mit Pudding füttern.

Bei Ebbe kann man Krabben krabbeln sehen.

Silbentrennung

Markiere Trennstellen und schreibe die Wörter getrennt auf.

offen	kennen	Messer	brummen
füttern	Quelle	fressen	Schlüssel
Brille	treffen	klettern	herstellen
Teller	besser	kämmen	hoffentlich
Löffel	rennen	Gewitter	Flüssigkeit
Tasse	dünner	schaffen	verbrennen
Tanne	loslassen	Schatten	schwimmen
Nässe	Nachmittag	passieren	nummerieren

of-fen	ken-nen
Mes-ser	brum-men
füt-tern	Quel-le
fres-sen	Schlüs-sel
Bril-le	tref-fen
klet-tern	her-stel-len
Tel-ler	bes-ser
käm-men	hof-fent-lich
Löf-fel	ren-nen
Ge-wit-ter	Flüs-sig-keit
Tas-se	dün-ner
schaf-fen	ver-bren-nen
Tan-ne	los-las-sen
Schat-ten	schwim-men
Näs-se	Nach-mit-tag
pas-sie-ren	num-me-rie-ren

! Das Trennen von Wörtern mit doppeltem Konsonanten sollte mit den Kindern besprochen werden.

Schreibe die Texte auf Seite 84 neben die passenden Bilder.

X	Björns Boss goss eine Flüssigkeit über seinen Pass. Jetzt ist der Pass nass.
X	Mit geschlossenen Augen schloss Larissa das Schloss mit einem Schlüssel auf.
X	Isst man Haselnüsse mit Messer und Gabel? Melissa würde das gerne wissen.
X	Bei Nässe frisst der Hund der Prinzessin nur ein bisschen aus der Schüssel.
X	Der Otter ist sehr fett. Sein Schatten ist riesengroß und er kann nicht klettern.
X	Am Vormittag schüttelt Ottos netter Vetter stets glatt rasiert die Betten aus.

Markiere Trennstellen und schreibe die Wörter getrennt auf.

Be|ginn	be|gin|nen	Ge|winn	ge|win|nen
Pro|gramm	Pro|gram|me	Kom|pass	Kom|pas|se
Ha|sel|nuss	Ha|sel|nüs|se	Rei|se|pass	Rei|se|päs|se

Be-ginn	be-gin-nen
Ge-winn	ge-win-nen
Pro-gramm	Pro-gram-me
Kom-pass	Kom-pas-se
Ha-sel-nuss	Ha-sel-nüs-se
Rei-se-pass	Rei-se-päs-se

Abschreiben

Schreibe die Texte von Seite 83 neben die passenden Bilder.

Isst man Haselnüsse mit Messer und Gabel? Melissa würde das gerne wissen.

Bei Nässe frisst der Hund der Prinzessin nur ein bisschen aus der Schüssel.

Am Vormittag schüttelt Ottos netter Vetter stets glatt rasiert die Betten aus.

Der Pass ist nass.

Björns Boss goss eine Flüssigkeit über seinen Pass. Jetzt ist der Pass nass.

Mit geschlossenen Augen schloss Larissa das Schloss mit einem Schlüssel auf.

Der Otter ist fett.

Der Otter ist sehr fett. Sein Schatten ist riesengroß und er kann nicht klettern.

Unterstreiche Satzanfänge und Nomen und schreibe richtig.

die affen bewerfen die giraffen mit kartoffeln. hoffentlich treffen sie sie nicht. 5

die künstlerin stellt ihre brillengestelle vollständig aus müll und fellen her. 5

kann man dummheiten sammeln? wie groß wäre dann wohl jimmys sammlung? 5

der donnerstag hat mit blitz und donner begonnen. der sonntag davor war sonnig. 6

Kann man Dummheiten sammeln?
Wie groß wäre dann wohl Jimmys Sammlung?

Der Donnerstag hat mit Blitz und Donner
begonnen. Der Sonntag davor war sonnig.

Die Affen bewerfen die Giraffen mit
Kartoffeln. Hoffentlich treffen sie sie nicht.

Die Künstlerin stellt ihre Brillengestelle
vollständig aus Müll und Fellen her.

ck

Trage die Wörter mit ck in die Lücken ein.

dick	Reck	Jacke	Decke	Bäcker	drücken
Ecke	Block	Glück	zurück	trocken	Päckchen
Blick	Stück	Dreck	Brücke	Wecker	entdecken

Uhr zum Wecken: Wecker — nicht nass: trocken

Über den Fluss führt die Brücke. — Beruf: Bäcker

Bei Alarm Knopf drücken! — 1 Paar = 2 Stück

kleines Paket: Päckchen — Schmutz: Dreck

Lea zeichnet in ihrem Block. — Gegenteil von dünn: dick

aufspüren, finden: entdecken — Turngerät: Reck

Ich wünsche dir viel Glück. — Kleidungsstück: Jacke

rückwärts: zurück — Die Fußballerin tritt eine Ecke.

Teil des Bettzeugs: Decke — kurzes Hinschauen: Blick

Trage die Wörter mit ck in die Lücken ein.

Glück/Jacke	pflücken/leckere	dicke/entwickelt	schmeckt/schrecklich
Deckel/knackt	Schreck/dreckig	erschrickt/Wecker	Verpackung/verpacken

Hanni und Sanni pflücken leckere Äpfel.

Pudding mit Salz schmeckt schrecklich.

Es ist kalt. Zum Glück trägt Jana eine warme Jacke.

Ach du Schreck! Der Rock ist ja ganz dreckig!

Die dicke Larve entwickelt sich zur Fliege.

Theo erschrickt, weil der Wecker zu laut klingelt.

Der Deckel des Gurkenglases knackt beim Öffnen.

Jede Verpackung lässt sich verpacken.

Wortfamilien

Ordne die Wörter zu Wortfamilien.

Blick	blicken	geblickt	Bäckerei	gebacken	verpacken
Druck	backen	drücken	Ausblick	Überblick	aufwecken
Decke	wecken	drucken	Bäckerin	Päckchen	aufgeweckt
Deckel	Wecker	Einblick	gedruckt	verdecken	Verpackung
Bäcker	Gebäck	geweckt	es weckt	entdecken	Entdeckung
packen	Gepäck	Packung	Eindruck	aufdecken	Druckschrift

Wortstamm BACK

Bäckerei	gebacken	backen
Bäckerin	Bäcker	Gebäck

Wortstamm PACK

verpacken	Päckchen	Verpackung
packen	Gepäck	Packung

Wortstamm DECK

Decke	Deckel	verdecken
entdecken	Entdeckung	aufdecken

Wortstamm WECK

aufwecken	wecken	aufgeweckt
Wecker	geweckt	es weckt

Wortstamm BLICK

Blick	blicken	geblickt
Ausblick	Überblick	Einblick

Wortstamm DRUCK

Druck	drücken	drucken
gedruckt	Eindruck	Druckschrift

Trage die Wörter mit tz in die Lücken ein.

Blitz	Hitze	Katze	Pfütze	zuletzt	kratzen
Satz	Platz	sitzen	nützen	Schutz	Schmutz
spitz	Spatz	Mütze	putzen	Gesetz	Verletzung

am Ende: zuletzt ● Lea schreibt einen langen Satz.

Alle sitzen auf ihrem Platz. ● Kleidungsstück: Mütze

hohe Lufttemperatur: Hitze ● Der Donner folgt dem Blitz.

Er blieb auf dem Stuhl sitzen. ● Vorschrift: Gesetz

säubern, wischen: putzen ● Wasserlache: Pfütze

Verwundung: Verletzung ● Dreck: Schmutz

ritzen, schrammen: kratzen ● Säugetier: Katze

einen Nutzen bringen: nützen ● Singvogel: Spatz

Die Flüchtlinge suchen Schutz. ● Nadeln sind spitz.

Trage die Wörter mit tz in die Lücken ein.

Hitze/Mütze	letzte/setzen	Spitze/verletzt	Blitzen/schützen
sitzt/schwitzt	geputzte/blitzt	spitzen/kratzen	putzt/verschmutzte

Finn sitzt in der finnischen Sauna und schwitzt.

Blitzableiter können uns vor Blitzen schützen.

Der Läufer an der Spitze hat sich leider verletzt.

Der letzte Läufer ist müde und muss sich setzen.

Paula putzt ihre verschmutzte Brille.

Paulas geputzte Brille blitzt vor Sauberkeit.

Katzen können mit spitzen Krallen kratzen.

Bei Hitze sollte man keine warme Mütze tragen.

Wortfamilien

Ordne die Wörter zu Wortfamilien.

Blitz	setzen	spitzen	nützlich	absetzen	anspitzen
Putz	blitzen	gesetzt	es blitzt	benutzen	Putzmittel
spitz	nutzen	geblitzt	Schütze	abputzen	gesetzlich
putzig	putzen	besetzt	Nutzung	schutzlos	spitzfindig
Spitze	Schutz	geputzt	Blitzlicht	Anspitzer	beschützen
nützen	Gesetz	nutzbar	schützen	geschützt	blitzschnell

Wortstamm SETZ		
setzen	absetzen	gesetzt
gesetzlich	besetzt	Gesetz

Wortstamm PUTZ		
Putz	Putzmittel	abputzen
putzig	putzen	geputzt

Wortstamm NÜTZ		
nützlich	benutzen	nutzen
Nutzung	nützen	nutzbar

Wortstamm BLITZ		
Blitz	blitzen	es blitzt
geblitzt	Blitzlicht	blitzschnell

Wortstamm SPITZ		
spitzen	anspitzen	spitz
spitzfindig	Spitze	Anspitzer

Wortstamm SCHUTZ		
Schütze	schutzlos	Schutz
beschützen	schützen	geschützt

ck tz

Schreibe die Reimwörter mit ck und tz.

☒ Reck ☐ Blick ☒ Fleck ☒ Dreck ☒ Schreck

Reck Fleck Dreck Schreck

☐ Brücke ☒ Ecke ☒ Decke ☒ Hecke ☒ Zecke

Ecke Decke Hecke Zecke

☒ Lücke ☒ Mücke ☒ Brücke ☐ Decke ☒ Stücke

Lücke Mücke Brücke Stücke

☒ Rock ☒ Block ☐ Druck ☒ Stock ☒ Schock

Rock Block Stock Schock

☒ backen ☒ hacken ☒ packen ☐ blicken

backen hacken packen

☐ entwickeln ☒ wecken ☒ entdecken ☒ erschrecken

wecken entdecken erschrecken

☒ spitz ☒ Sitz ☐ Schutz ☒ Witz ☒ Blitz

spitz Sitz Witz Blitz

☒ Hitze ☒ Blitze ☒ Spitze ☐ Katze ☒ Spritze

Hitze Blitze Spitze Spritze

☒ sitzen ☒ blitzen ☐ setzen ☒ schwitzen

sitzen blitzen schwitzen

☒ setzen ☒ hetzen ☒ verletzen ☐ kratzen

setzen hetzen verletzen

☐ putzen ☒ Mützen ☒ nützen ☒ schützen

Mützen nützen schützen

☒ Benutzung ☐ Verletzung ☒ Verschmutzung

Benutzung Verschmutzung

Markiere Trennstellen und schreibe die Wörter getrennt auf.

De|cke	tro|cken	Hit|ze	blit|zen
Bä|cker	drü|cken	Kat|ze	krat|zen
Zu|cker	ver|pa|cken	Müt|ze	schüt|zen
Brü|cke	ent|de|cken	sit|zen	ver|let|zen
pa|cken	auf|we|cken	Spit|ze	schwit|zen
gu|cken	ent|wi|ckeln	set|zen	schmut|zig
Rü|cken	schme|cken	nüt|zen	Ver|let|zung
dre|ckig	er|schre|cken	put|zen	ver|schmut|zen

De-cke
tro-cken
Bä-cker
drü-cken
Zu-cker
ver-pa-cken
Brü-cke
ent-de-cken
pa-cken
auf-we-cken
gu-cken
ent-wi-ckeln
Rü-cken
schme-cken
dre-ckig
er-schre-cken

Hit-ze
blit-zen
Kat-ze
krat-zen
Müt-ze
schüt-zen
sit-zen
ver-let-zen
Spit-ze
schwit-zen
set-zen
schmut-zig
nüt-zen
Ver-let-zung
put-zen
ver-schmut-zen

! Das Trennen von Wörtern mit ck und tz sollte mit den Kindern besprochen werden.

Unterstreiche Satzanfänge und Nomen und schreibe richtig.

✗	lutz springt oft in pfützen. mützen und schutzanzüge schützen lutz vor schmutz.	6
✗	fritz schwitzt. bei der hitze würde er jetzt gerne auf der spitze eines eisbergs sitzen.	5
✗	viele gesetze regeln den schutz der natur, aber leider werden sie sehr häufig verletzt.	4
✗	alle menschen sollten ein zeichen gegen die verschmutzung der umwelt setzen.	5

Spitze

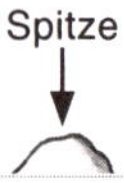

Fritz schwitzt. Bei der Hitze würde er jetzt gerne auf der Spitze eines Eisbergs sitzen.

Wir setzen Zeichen.

Alle Menschen sollten ein Zeichen gegen die Verschmutzung der Umwelt setzen.

Pfütze

Lutz springt oft in Pfützen. Mützen und Schutzanzüge schützen Lutz vor Schmutz.

Gesetze §

Viele Gesetze regeln den Schutz der Natur, aber leider werden sie sehr häufig verletzt.

Schreibe die Texte auf Seite 94 neben die passenden Bilder.

X	Der kleine Muck blickt auf ein langes Leben in Pantoffeln und mit Stock zurück.
X	Zucker sorgt häufig für dicke Backen und außerdem für schreckliche Zahnschmerzen.
X	Nick entwickelt Wecker. Seine Wecker sollen wecken und uns nicht erschrecken.
X	Bäcker und andere Frühaufsteher sind sehr glücklich über Nicks Entwicklungen.
X	Micky verpackt dreckige Blöcke und fleckige Decken in eckige Verpackungen.
X	Zum Glück fiel das staubtrockene Stück Gebäck nicht von der Brücke in den Dreck.

Markiere Trennstellen und schreibe die Wörter getrennt auf.

Sät|ze	di|cker	Stü|cke	An|spit|zer
Blit|ze	Plät|ze	Rö|cke	Ver|pa|ckung
Bli|cke	Blö|cke	Ge|set|ze	Ver|schmut|zung

Sät-ze	Rö-cke
di-cker	Ver-pa-ckung
Stü-cke	Bli-cke
An-spit-zer	Blö-cke
Blit-ze	Ge-set-ze
Plät-ze	Ver-schmut-zung

Schreibe die Texte von Seite 93 neben die passenden Bilder.

Zucker sorgt häufig für dicke Backen
und außerdem für schreckliche Zahnschmerzen.

Nick entwickelt Wecker. Seine Wecker
sollen wecken und uns nicht erschrecken.

Micky verpackt dreckige Blöcke und
fleckige Decken in eckige Verpackungen.

Der kleine Muck blickt auf ein langes
Leben in Pantoffeln und mit Stock zurück.

Zum Glück fiel das staubtrockene Stück
Gebäck nicht von der Brücke in den Dreck.

Bäcker mögen Nick.

Bäcker und andere Frühaufsteher sind
sehr glücklich über Nicks Entwicklungen.

Silben trennendes h

Markiere Trennstellen und schreibe die Wörter getrennt auf.

se|hen	Ze|hen	mu|hen	flie|hen
Kü|he	ge|hen	mä|hen	Schu|he
Re|he	nä|hen	ste|hen	un|ru|hig
Ru|he	fro|her	glü|hen	sprü|hen
Nä|he	frü|her	blü|hen	ver|ste|hen
ru|hen	fle|hen	krä|hen	fern|se|hen
Flö|he	we|hen	dre|hen	Fern|se|her
nä|her	zie|hen	dro|hen	ge|sche|hen

se-hen
Ze-hen
mu-hen
flie-hen
Kü-he
ge-hen
mä-hen
Schu-he
Re-he
nä-hen
ste-hen
un-ru-hig
Ru-he
fro-her
glü-hen
sprü-hen
Nä-he
frü-her
blü-hen
ver-ste-hen
ru-hen
fle-hen
krä-hen
fern-se-hen
Flö-he
we-hen
dre-hen
Fern-se-her
nä-her
zie-hen
dro-hen
ge-sche-hen

! Das Trennen von Wörtern mit Silben trennendem h sollte mit den Kindern besprochen werden.

Ordne die Verbformen zu.

geht	steht	zog	blühte	genäht	gezogen
näht	blüht	sah	glühte	geweht	gesehen
weht	dreht	ging	drehte	geblüht	gegangen
zieht	droht	stand	drohte	geglüht	gestanden
sieht	sieht fern	nähte	sah fern	gedreht	geschehen
glüht	geschieht	wehte	geschah	gedroht	ferngesehen

drohen	sehen	stehen
es droht	er sieht	sie steht
es drohte	er sah	sie stand
es hat gedroht	er hat gesehen	sie hat gestanden
wehen	**glühen**	**gehen**
es weht	es glüht	sie geht
es wehte	es glühte	sie ging
es hat geweht	es hat geglüht	sie ist gegangen
blühen	**drehen**	**fernsehen**
er blüht	sie dreht	es sieht fern
er blühte	sie drehte	es sah fern
er hat geblüht	sie hat gedreht	es hat ferngesehen
nähen	**ziehen**	**geschehen**
er näht	er zieht	es geschieht
er nähte	er zog	es geschah
er hat genäht	er hat gezogen	es ist geschehen

Wortfamilien

Ordne die Wörter zu Wortfamilien.

nah	sehen	fröhlich	verglüht	anziehen	verglühen
früh	früher	geglüht	sie sieht	frühzeitig	fernsehen
froh	nahen	es zieht	gesehen	annähern	Frühstück
frohe	ziehen	glühend	Frühjahr	aussehen	Fernseher
Nähe	glühen	es glüht	Frohsinn	umziehen	Beziehung
näher	nähern	Frühling	erziehen	frohsinnig	Fröhlichkeit

Wortstamm SEH

sehen	sie sieht	fernsehen
gesehen	aussehen	Fernseher

Wortstamm NAH

nah	nahen	annähern
Nähe	näher	nähern

Wortstamm ZIEH

anziehen	es zieht	ziehen
umziehen	Beziehung	erziehen

Wortstamm GLÜH

verglüht	verglühen	geglüht
glühend	glühen	es glüht

Wortstamm FROH

fröhlich	froh	frohe
Frohsinn	frohsinnig	Fröhlichkeit

Wortstamm FRÜH

früh	früher	frühzeitig
Frühstück	Frühjahr	Frühling

Merkwörter mit ß

Schreibe die Merkwörter mit ß.

süß	heiß	Spaß	fleißig	gießen	grüßen
Fuß	groß	außen	reißen	beißen	schließen
bloß	weiß	Strauß	Straße	fließen	schließlich

auf der Außenseite: außen ◦ Verkehrsweg: Straße

Ben bindet Blumen zu einem Strauß. ◦ Körperteil: Fuß

sehr warm: heiß ◦ Mia muss die Blumen gießen.

Eine Tür lässt sich schließen. ◦ Scherz: Spaß

tüchtig, emsig: fleißig ◦ Fäden können reißen.

Farbe des Schnees: weiß ◦ Süßigkeiten sind süß.

Flöhe können beißen. ◦ Gegenteil von klein: groß

Flüsse fließen. ◦ Guten Tag sagen: grüßen

zum Schluss, endlich: schließlich ◦ nur: bloß

Trage die Merkwörter mit ß in die Lücken ein.

gießt/Fuß	Straße/maß	großen/Spaß	Sträuße/weiße
reißt/fleißig	vergaß/bloß	draußen/heiß	fraß/Süßigkeiten

In der Vase stehen mehrere Sträuße weiße Rosen.

Die Straße maß 10,50 m in der Breite.

Fußball zu spielen macht Mia großen Spaß.

Ronny reißt fleißig Unkraut aus.

Im Juli ist es draußen manchmal sehr heiß.

Gisela gießt sich aus Versehen Soße über den Fuß.

Jule vergaß bloß einmal ihre Hausaufgaben.

Ernis Hund fraß Gerts Süßigkeiten auf.

Ordne die Verbformen zu.

süßt	fließt	riss	süßte	gesüßt	geflossen
reißt	grüßt	biss	grüßte	gegrüßt	gegossen
heißt	schießt	hieß	schoss	gerissen	genossen
stößt	genießt	goss	genoss	gebissen	vergrößert
gießt	schließt	stieß	schloss	gestoßen	geschossen
beißt	vergrößert	floss	vergrößerte	geheißen	geschlossen

beißen	gießen	schießen
er beißt	es gießt	es schießt
er biss	es goss	es schoss
er hat gebissen	es hat gegossen	es hat geschossen
süßen	**stoßen**	**schließen**
sie süßt	es stößt	es schließt
sie süßte	es stieß	es schloss
sie hat gesüßt	es hat gestoßen	es hat geschlossen
reißen	**heißen**	**genießen**
er reißt	er heißt	sie genießt
er riss	er hieß	sie genoss
er hat gerissen	er hat geheißen	sie hat genossen
grüßen	**fließen**	**vergrößern**
sie grüßt	es fließt	er vergrößert
sie grüßte	es floss	er vergrößerte
sie hat gegrüßt	es ist geflossen	er hat vergrößert

Ordne die Wörter zu Wortfamilien.

süß	mäßig	süßlich	sie maß	Späßchen	Spaßvogel
Fuß	Grüße	spaßen	Maßstab	Fußboden	Fußgänger
Maß	Späße	maßlos	Süßigkeit	zuckersüß	Begrüßung
Gruß	barfuß	Fußball	schließen	schließlich	beschließen
Spaß	spaßig	messen	Fußballer	Süßspeise	abschließen
süßen	grüßen	gegrüßt	begrüßen	es schloss	verschließen

Wortstamm Fuß/fuß

Fuß	Fußboden	Fußgänger
barfuß	Fußball	Fußballer

Wortstamm Süß/süß

süß	süßlich	Süßigkeit
zuckersüß	Süßspeise	süßen

Wortstamm Maß/maß

mäßig	sie maß	Maßstab
Maß	maßlos	messen

Wortstamm Spaß/spaß

Späßchen	Spaßvogel	spaßen
Späße	Spaß	spaßig

Wortstamm Grüß/grüß

Grüße	Begrüßung	Gruß
grüßen	gegrüßt	begrüßen

Wortstamm Schließ/schließ

schließen	schließlich	beschließen
abschließen	es schloss	verschließen

Schreibe die Merkwörter mit aa, ee und oo.

Aal	Fee	doof	Boot	Moos	Schnee
Tee	Zoo	Saal	Meer	Haare	ein paar
See	leer	Beet	Staat	Waage	Erdbeere

Der Indische Ozean ist ein großes Meer. Getränk: Tee

Ulf wiegt sich häufig mit der Waage. Tierpark: Zoo

wenige, nicht viele: ein paar Märchenwesen: Fee

größerer Raum, Halle: Saal dümmlich, dämlich: doof

kleines Wasserfahrzeug: Boot Belgien ist ein Staat.

Gegenteil von voll: leer rote Frucht: Erdbeere

Karlotta kämmt ihre Haare. Der Bodensee ist ein See.

Der Baumstamm ist bewachsen mit Moos. Fisch: Aal

Draußen liegen *10* cm Schnee. Jana jätet ein Beet.

Trage die Merkwörter mit aa, ee und oo in die Lücken ein.

Zoo/Tee	Klee/Fee	Haaren/Boot	Erdbeeren/Idee
See/leer	Beet/Moos	Staaten/Meer	ein paar/Schnee

Gestern fielen ein paar Zentimeter Schnee.

Nicht alle Staaten Europas liegen am Meer.

Beate bepflanzt ein Beet im Garten mit Moos.

Die Schimpansen im Zoo trinken täglich eine Tasse Tee.

Der durstige Riese trinkt einen ganzen See leer.

Im Klee sitzt eine kleine Fee und zaubert allerlei.

Männer mit langen roten Haaren rudern ein Boot.

Erdbeeren mit Senf. Ist das eine gute Idee?

Merkwörter mit ä

Schreibe die Merkwörter mit ä.

Bär	Käse	Lärm	Säbel	gähnen	Känguru
spät	Käfig	Käfer	schräg	Kapitän	Märchen
März	Säge	Träne	krähen	Schädel	Mädchen

„Hänsel und Gretel“ ist ein Märchen. Monat: März

Ulf muss vor Müdigkeit gähnen. Krach: Lärm

Hähne können sehr laut krähen. Insekt: Käfer

Der Vogel sitzt in seinem Käfig. Werkzeug: Säge

Skelett des Kopfes: Schädel Milchprodukt: Käse

kein Junge: Mädchen Wim weint eine Träne.

Schiffsführer: Kapitän Gegenteil von früh: spät

Beuteltier: Känguru stämmiges Raubtier: Bär

schief, geneigt, quer: schräg Fechtwaffe: Säbel

Trage die Merkwörter mit ä in die Lücken ein.

spät/Käse	Käfige/Säge	gähnt/während	Mädchen/Tränen
Käfer/Lärm	Bären/ähnlich	März/verspätet	Känguru/ungefähr

Erni kam im März elfmal verspätet zur Schule.

Erna gähnt während des Unterrichts.

Das Mädchen weinte bittere Tränen.

Ein krabbelnder Käfer macht keinen Lärm.

Bären sehen Hühnern gar nicht ähnlich.

Das Känguru misst ungefähr 1,70 m.

Frieda zersägt gerne Käfige mit einer Säge.

Pia isst spät am Abend noch ein Brot mit Käse.

Merkwörter mit langem I/i

Schreibe die Merkwörter mit langem I/i.

Igel	Biber	Ruine	Termin	Gardine	Apfelsine
Kino	Berlin	Kamin	Lawine	Krokodil	Maschine
Tiger	Musik	Benzin	Medizin	Vitamine	Kilogramm

1000 Gramm = 1 Kilogramm · Stadt: Berlin

stacheliges Säugetier: Igel · Kim komponiert Musik.

Der Film lief im Kino. · Zitrusfrucht: Apfelsine

Reptil: Krokodil · zerfallenes Bauwerk: Ruine

Obst enthält Vitamine. · Feuerstelle: Kamin

Fenstervorhang: Gardine · Arznei: Medizin

technisches Gerät: Maschine · Nagetier: Biber

Naturkatastrophe: Lawine · Treibstoff: Benzin

festgelegter Zeitpunkt: Termin · Raubkatze: Tiger

Trage die Merkwörter mit langem I/i in die Lücken ein.

Igel/Klima	Kino/Biber	Sabine/Praline	Tiger/Kilogramm
Iglu/Musik	Termin/Berlin	Medizin/Vitamin	Maschine/Ventile

Der Tiger wog 190 Kilogramm.

Hannah hat um 7.00 Uhr einen Termin in Berlin.

Die Ärztin verordnet Medizin und Vitamin D.

Im Kino läuft ein Film über einen nagenden Biber.

Der Winterschlaf der Igel ist abhängig vom Klima.

Die Maschine produziert Ventile für Fahrräder.

Die kleine Sabine nascht eine Praline.

Ulf baut ein Iglu aus Schnee und hört dabei Musik.

Merkwörter aus anderen Sprachen

Schreibe die Merkwörter aus anderen Sprachen.

Hai	Pony	Jeans	Inliner	negativ	Recycling
Mai	Team	Clown	Rezept	Theater	Computer
Cent	Toast	T-Shirt	Trainer	Jogging	Thermometer

kurzärmeliges Kleidungsstück: T-Shirt — Raubfisch: Hai

Kochanleitung: Rezept — Dauerlauf: Jogging

geröstetes Weißbrot: Toast — Spaßmacher: Clown

Schauspielhaus: Theater — Mannschaft: Team

Sportlehrer, Coach: Trainer — *1* Euro = *100* Cent

Rollschuhe: Inliner — PC: Computer

Gegenteil von positiv: negativ — Kleinpferd: Pony

Wiederverwertung: Recycling — Hose: Jeans

Messgerät: Thermometer — Monat: Mai

Trage die Merkwörter aus anderen Sprachen in die Lücken ein.

Pizza/Jeans	skizziert/Baby	Chefin/Interview	Spaghetti/Ketchup
Clown/Pony	Theater/Handy	E-Mails/Computer	Recycling/Container

Spaghetti sind Nudeln und Ketchup ist rot.

Im Theater sollte man das Handy ausschalten.

Der Clown reitet auf einem Pony durch die Manege.

Die Chefin der Firma gibt ein Interview .

Oma schreibt E-Mails mit dem Computer .

Die Pizza fällt auf Ernis frisch gewaschene Jeans .

Der Maler skizziert das Baby und malt es dann.

Der Recycling - Container ist voll Glas.

Schreibe die Merkwörter aus anderen Sprachen.

fair	Keks	clever	E-Mail	Internet	Container
City	Baby	Handy	Division	Addition	Subtraktion
Chor	Show	Skizze	Strophe	Ketchup	Multiplikation

Das Gedicht hat nur eine Strophe. Gebäck: Keks

Tomatensoße: Ketchup Schau, Vorführung: Show

Transportbehälter: Container Säugling: Baby

Gert singt in einem Chor. Mobiltelefon: Handy

Svetlana surft im Internet. Innenstadt: City

$1 + 1 = 2$ Addition elektronische Post: E-Mail

$1 - 1 = 0$ Subtraktion Zeichnung: Skizze

$1 \cdot 1 = 1$ Multiplikation gerecht: fair

$1 : 1 = 1$ Division schlau, trickreich: clever

Trage die Merkwörter aus anderen Sprachen in die Lücken ein.

Hai/Cent	Thermometer	Trainerin/faires	Apotheken/Gyros
surft/Internet	Team/T-Shirts	Mai/Mathematik	Toasts/Mayonnaise

Die Trainerin wünscht sich ein faires Spiel.

Am 1. Mai fällt nicht nur Mathematik aus.

Oma sitzt am PC und surft im Internet.

Der Hai hatte Plastikmüll und 70 Cent in seinem Magen.

Das Team trägt rosa Hosen und rote T-Shirts.

Ein Thermometer ist ein Temperaturmessgerät.

Apotheken verkaufen kein Gyros.

Arne isst Toasts mit Aal und Mayonnaise.

Merkwörter mit Dehnungs-h

Schreibe die Merkwörter mit Dehnungs-h.

Uhr	Lohn	Stuhl	zählen	Fehler	Führung
hohl	Bahn	Draht	ehrlich	Gefühl	Nahrung
Zahl	Wahl	Fahne	bohren	ähnlich	Wohnung

leer, ausgehöhlt: hohl ● Sie lügt nicht. Sie ist ehrlich.

Essen und Trinken: Nahrung ● Sitzmöbel: Stuhl

Wim will in der Nase bohren. ● Es ist *14.30* Uhr.

Das Team geht mit *1:0* in Führung. ● Zug: Bahn

In dem Text sind *0* Fehler. ● Angst ist ein Gefühl.

Wer kann bis hundert zählen? ● Abstimmung: Wahl

Ole vermietet eine Wohnung. ● Flagge: Fahne

eine Schnur aus Metall: Draht ● Neun ist eine Zahl.

Die Brüder sehen sich ähnlich. ● Bezahlung: Lohn

Trage die Merkwörter mit Dehnungs-h in die Lücken ein.

fühlt/wohl	Gefahr/führt	Uhr/umkehren	kühlen/während
rührt/Sahne	mehr/Drähten	Lehrer/erzählt	Hühner/ungefähr

Gefahr führt bei Fluchttieren zur Flucht.

Die Hühner legten ungefähr *800* Eier.

Das Drahtseil besteht aus mehr als *100* Drähten.

Kühlschränke kühlen auch während der Nacht.

Pia rührt einen Becher Sahne unter die Suppe.

Der Lehrer erzählt der Klasse täglich einen Witz.

Um *16.00* Uhr mussten wir leider umkehren.

Heute fühlt Nele sich wieder sehr wohl.

Merkwörter mit Dehnungs-h

Schreibe die Merkwörter mit Dehnungs-h.

Ohr	Jahr	Mehl	fahren	Zähne	Lehrerin
kühl	zehn	mehr	Sahne	Bohrer	gefährlich
sehr	Sohn	Höhle	Bohne	Vorfahrt	Erzählung

Beruf: Lehrerin ◦ männlicher Nachkomme: Sohn

Opa ist kein Kind mehr. ◦ Pflanze, Gemüse: Bohne

gemahlenes Getreide: Mehl ◦ Pit putzt sich die Zähne.

Kai lernt Fahrrad fahren. ◦ *365* Tage sind ein Jahr.

Rauchen ist gefährlich. ◦ Werkzeug: Bohrer

ein wenig kalt: kühl ◦ Teil der Milch, Rahm: Sahne

Die Autofahrerin hat Vorfahrt. ◦ Gehörorgan: Ohr

Der Bär schläft in einer Höhle. ◦ Ich danke euch sehr!

Ein Märchen ist eine Erzählung. ◦ *10*: zehn

Trage die Merkwörter mit Dehnungs-h in die Lücken ein.

fährt/Bahn	bohrt/Bohrer	nehmen/Stuhl	ohne/fehlerfrei
hohle/Zahn	wählt/Bohnen	ernähren/sehr	ehrliche/belohnt

Erna und Erni ernähren sich sehr gesund.

Ein Text ohne Fehler ist fehlerfrei.

Der ehrliche Finder wurde mit 2 Cent belohnt.

Freddy fährt mit der Bahn von Bonn nach Berlin.

Benita bohrt mit einem Bohrer Löcher in die Wand.

Alle nehmen sich einen Stuhl und setzen sich.

Der hohle Zahn muss leider gezogen werden.

Als Hauptspeise wählt Opa Fisch mit Bohnen.

Wortfamilien

Ordne die Wörter zu Wortfamilien.

kühl	Fühler	geführt	lohnend	belohnen	gefahrvoll
Lohn	kühlen	fühlbar	Führung	gefahrlos	gefährden
fehlen	Gefühl	gekühlt	Führerin	fehlerhaft	auskühlen
fühlen	gefehlt	führend	Anführer	gefährlich	Abkühlung
führen	Gefahr	gelohnt	fehlerfrei	abgekühlt	Belohnung
Fehler	gefühlt	belohnt	verfehlen	gefühlvoll	Gefährdung

Wortstamm FÜHL		
Fühler	fühlbar	Gefühl
fühlen	gefühlt	gefühlvoll
Wortstamm FEHL		
fehlen	fehlerhaft	gefehlt
fehlerfrei	Fehler	verfehlen
Wortstamm KÜHL		
kühl	kühlen	gekühlt
auskühlen	Abkühlung	abgekühlt
Wortstamm FÜHR		
geführt	Führung	Führerin
führend	Anführer	führen
Wortstamm LOHN		
lohnend	belohnen	Lohn
gelohnt	Belohnung	belohnt
Wortstamm GEFAHR		
gefahrvoll	gefahrlos	gefährden
gefährlich	Gefahr	Gefährdung

Silbentrennung

Markiere Trennstellen und schreibe die Wörter getrennt auf.

oh|ne	rüh|ren	Bah|nen	er|näh|ren
Höh|le	Stüh|le	woh|nen	be|zah|len
Löh|ne	Feh|ler	neh|men	Woh|nung
Zäh|ne	zäh|len	Füh|rung	be|loh|nen
füh|len	küh|len	Leh|re|rin	feh|ler|frei
Söh|ne	Dräh|te	Nah|rung	um|keh|ren
fah|ren	boh|ren	wäh|rend	feh|ler|haft
füh|ren	wäh|len	er|zäh|len	Er|zäh|lung

oh-ne
rüh-ren
Bah-nen
er-näh-ren
Höh-le
Stüh-le
woh-nen
be-zah-len
Löh-ne
Feh-ler
neh-men
Woh-nung
Zäh-ne
zäh-len
Füh-rung
be-loh-nen
füh-len
küh-len
Leh-re-rin
feh-ler-frei
Söh-ne
Dräh-te
Nah-rung
um-keh-ren
fah-ren
boh-ren
wäh-rend
feh-ler-haft
füh-ren
wäh-len
er-zäh-len
Er-zäh-lung

! Das Trennen von Wörtern mit Dehnungs-h sollte mit den Kindern besprochen werden.

Wörtliche Rede

Setze die fehlenden Satzzeichen (: „ . “) ein und schreibe richtig.

Mia murmelt: „Wir könnten Füchse oder Rehe skizzieren."

Maik meint: „Ich kann nur Fichten und Tannen zeichnen."

Pippi sagt voraus: „Zukünftig werde ich eckige Brillen tragen."

Opa schwärmt: „Pilze mit süßen Klößen schmecken lecker."

Elias stöhnt: „Das waren zu viele Chips. Jetzt ist mir schlecht."

Finn sagt: „Das TV-Programm reißt mich nicht vom Hocker."

Mathilda berichtet: „Ich habe unsere Lehrerin im Taxi getroffen."

Mia murmelt: „Wir könnten Füchse oder Rehe skizzieren."

Maik meint: „Ich kann nur Fichten und Tannen zeichnen."

Pippi sagt voraus: „Zukünftig werde ich eckige Brillen tragen."

Opa schwärmt: „Pilze mit süßen Klößen schmecken lecker."

Elias stöhnt: „Das waren zu viele Chips. Jetzt ist mir schlecht."

Finn sagt: „Das TV-Programm reißt mich nicht vom Hocker."

Mathilda berichtet: „Ich habe unsere Lehrerin im Taxi getroffen."

! Die wörtliche Rede mit vorangestelltem Begleitsatz sollte mit den Kindern besprochen werden.

Wörtliche Rede

Setze die fehlenden Satzzeichen (: „ ? ! “) ein und schreibe richtig.

Nico nörgelt: „Müssen wir im Urlaub in der Hitze schwitzen?“

Die Fußballerin jammert: „Schon wieder kein Tor!“

Fenja fragt: „Bist du sicher, dass der Weg nach rechts führt?“

Maja mahnt: „Seid vorsichtig an der gefährlichen Kreuzung!“

Frieda fragt: „Wem gehören die sehr trockenen Kekse?“

Siegfried schluchzt: „Wer hat meine beste Hose verdreckt?“

Julia jubelt: „Ich habe einen Haufen Haselnüsse gewonnen!“

Nico nörgelt: „Müssen wir im Urlaub in der Hitze schwitzen?“

Die Fußballerin jammert: „Schon wieder kein Tor!“

Fenja fragt: „Bist du sicher, dass der Weg nach rechts führt?“

Maja mahnt: „Seid vorsichtig an der gefährlichen Kreuzung!“

Frieda fragt: „Wem gehören die sehr trockenen Kekse?“

Siegfried schluchzt: „Wer hat meine beste Hose verdreckt?“

Julia jubelt: „Ich habe einen Haufen Haselnüsse gewonnen!“

Wörtliche Rede

Setze die fehlenden Satzzeichen („ “ ,) ein und schreibe richtig.

„ In der Vase standen vertrocknete Gewächse “ , beschrieb Lea.

„ Eine Höhle bot uns Schutz vor dem Gewitter “ , schilderte Ole.

„ Hai, Kaiser und Mai schreibt man mit ai “ , erklärt unsere Lehrerin.

„ Heute Mittag gingen wir ein bisschen spazieren “ , sagte Jule.

„ Jeden Morgen wecken mich tausend Wecker “ , erzählt Erna.

„ Mein Hochbett ist mit Moos bewachsen “ , wundert sich Wim.

„ Seen und Meere sind sehr häufig verschmutzt “ , weiß Wiebke.

„In der Vase standen vertrocknete Gewächse“, beschrieb Lea.

„Eine Höhle bot uns Schutz vor dem Gewitter“, schilderte Ole.

„Hai, Kaiser und Mai schreibt man mit ai“, erklärt unsere Lehrerin.

„Heute Mittag gingen wir ein bisschen spazieren“, sagte Jule.

„Jeden Morgen wecken mich tausend Wecker“, erzählt Erna.

„Mein Hochbett ist mit Moos bewachsen“, wundert sich Wim.

„Seen und Meere sind sehr häufig verschmutzt“, weiß Wiebke.

! Die wörtliche Rede mit nachfolgendem Begleitsatz sollte mit den Kindern besprochen werden. Die Regelung, dass Punkte am Ende der Sprechsätze entfallen (S. 112), Ausrufe- und Fragezeichen dagegen gesetzt werden (S. 113), führt besonders häufig zu Fehlern.

Wörtliche Rede

Setze die fehlenden Satzzeichen („ ? ! “ ,) ein und schreibe richtig.

„ Müsst ihr während des Unterrichts schreien ? " , schrie Cindy.

„ Entfernt sofort den Müll vom Strand ! " , schimpfte die Dame.

„ Ist es im Wald stets kühler als in der Stadt ? " , fragt Freddy.

„ Bohrt bloß keine Löcher in mein Boot ! " , brüllt der Kapitän.

„ Können Flüssigkeiten magnetisch sein ? " , will Willi wissen.

„ Pass auf Pass und Schlüssel auf ! " , ermahnte Ina Martina.

„ Warum soll ich meine fettigen Haare kämmen ? " , fragt Erni.

„Müsst ihr während des Unterrichts schreien?", schrie Cindy.

„Entfernt sofort den Müll vom Strand!", schimpfte die Dame.

„Ist es im Wald stets kühler als in der Stadt?", fragt Freddy.

„Bohrt bloß keine Löcher in mein Boot!", brüllt der Kapitän.

„Können Flüssigkeiten magnetisch sein?", will Willi wissen.

„Pass auf Pass und Schlüssel auf!", ermahnte Ina Martina.

„Warum soll ich meine fettigen Haare kämmen?", fragt Erni.

Wörtliche Rede

Stelle jeweils Begleitsatz und wörtliche Rede um.

Mandy mahnt: „Träume nicht mit offenen Augen auf der Straße!“
Wilfried will wissen: „Warum weinen die Clowns in der Manege?“
Ulf meint: „Mein Schatten ist heute länger als nach der Geburt.“
Der Reporter schildert: „Ein Blitz setzte das Gebäude in Brand.“
Susi seufzt: „In den Ferien schreibe ich Texte immer fehlerfrei.“
Katja fragt die Försterin: „Kann man auf junge Kiefern klettern?“
Die Schauspielerin frohlockt: „Zum Glück erkennt mich jemand!“

„Träume nicht mit offenen Augen auf der Straße!", mahnt Mandy.

„Warum weinen die Clowns in der Manege?", will Wilfried wissen.

„Mein Schatten ist heute länger als nach der Geburt", meint Ulf.

„Ein Blitz setzte das Gebäude in Brand", schildert der Reporter.

„In den Ferien schreibe ich Texte immer fehlerfrei", seufzt Susi.

„Kann man auf junge Kiefern klettern?", fragt Katja die Försterin.

„Zum Glück erkennt mich jemand!", frohlockt die Schauspielerin.

! Das Umstellen von wörtlicher Rede und Begleitsatz sollte mit den Kindern besprochen werden.

Stelle jeweils Begleitsatz und wörtliche Rede um.

Berta brüllt entsetzt: „Schaut euch den riesigen Müllberg an!“

Wally weiß: „Hungrige Vögel fressen auch noch das letzte Korn.“

Mandy murrt: „Laute Handygespräche in der Bahn ärgern mich.“

Gert gesteht ehrlich: „Im Theater habe ich häufig Streit mit Erni.“

Mia fragt: „Wer informiert Jugendliche über interessante Berufe?“

Kai kreischt: „Nein, niemals überquere ich die schräge Hängebrücke!“

Franka fragt: „Sind gute Zeugnisse wichtiger als gute Freunde?“

„Schaut euch den riesigen Müllberg an!", brüllt Berta entsetzt.

„Hungrige Vögel fressen auch noch das letzte Korn", weiß Wally.

„Laute Handygespräche in der Bahn ärgern mich", murrt Mandy.

„Im Theater habe ich häufig Streit mit Erni", gesteht Gert ehrlich.

„Wer informiert Jugendliche über interessante Berufe?", fragt Mia.

„Nein, niemals überquere ich die schräge Hängebrücke!", kreischt Kai.

„Sind gute Zeugnisse wichtiger als gute Freunde?", fragt Franka.

Stelle jeweils Begleitsatz und wörtliche Rede um.

Die Chefin sagt: „Das Geschäft schließt heute bereits um 9.00 Uhr."

Fred fordert streng: „Zieht doch eure dreckigen Schuhe draußen aus!"

Niko erkundigt sich: „Sind Fernseher und Flugzeuge Maschinen?"

Sabeth sagt: „Ich bin noch nicht fertig. Es dauert noch eine Weile."

Marlene fragt sich: „Ob es wohl noch lebendige Dinosaurier gibt?"

Der Dieb vermutet: „Die Tür lässt sich mit einem Stück Draht öffnen."

Die Richterin mahnt: „Sie dürfen keine Gesetze mehr verletzen!"

„Das Geschäft schließt heute bereits um 9.00 Uhr", sagt die Chefin.

„Zieht doch eure dreckigen Schuhe draußen aus!", fordert Fred streng.

„Sind Fernseher und Flugzeuge Maschinen?", erkundigt sich Niko.

„Ich bin noch nicht fertig. Es dauert noch eine Weile", sagt Sabeth.

„Ob es wohl noch lebendige Dinosaurier gibt?", fragt sich Marlene.

„Die Tür lässt sich mit einem Stück Draht öffnen", vermutet der Dieb.

„Sie dürfen keine Gesetze mehr verletzen!", mahnt die Richterin.

Markiere Trennstellen und schreibe die Wörter getrennt auf.

Ra|dio	Ana|nas	Esels|ohr	Ober|ärz|tin
Eti|kett	Ener|gie	Acker|bau	Ahorn|blatt
Alas|ka	atem|los	Apo|the|ke	alar|mie|ren
Ura|nus	Ame|ri|ka	Ope|ra|tion	öko|lo|gisch
eben|so	ekel|haft	Edel|tan|ne	über|que|ren
Oran|ge	Übel|keit	Ama|zo|nas	Übungs|heft
Ele|fant	Ehe|paar	Abend|brot	über|ra|schen
Amei|se	Ewig|keit	Aben|teu|er	Ofen|hei|zung

Ra-dio
Ana-nas
Esels-ohr
Ober-ärz-tin
Eti-kett
Ener-gie
Acker-bau
Ahorn-blatt
Alas-ka
atem-los
Apo-the-ke
alar-mie-ren
Ura-nus
Ame-ri-ka
Ope-ra-tion
öko-lo-gisch

eben-so
ekel-haft
Edel-tan-ne
über-que-ren
Oran-ge
Übel-keit
Ama-zo-nas
Übungs-heft
Ele-fant
Ehe-paar
Abend-brot
über-ra-schen
Amei-se
Ewig-keit
Aben-teu-er
Ofen-hei-zung

! Einzelne Vokale dürfen nicht abgetrennt werden. Diese Regel sollte mit den Kindern besprochen werden.

Anredepronomen in Briefen

Schreibe die Anredepronomen in dem Brief alle groß (Höflichkeitsform).

~~Sie~~	~~Sie~~	~~Sie~~	~~Ihrer~~	~~Ihre~~	~~Ihre~~	~~Ihre~~	~~Ihr~~	~~Ihr~~

Sehr geehrter Kommissar Knorke,

als Ihr Fan bewundere ich, wie Sie Ihre Fälle lösen. Wenn Sie mit Ihrer Lupe kommen, sind Fehler chancenlos. Wie gerne hätte ich Ihre Spürnase! Was muss ich tun, um so schnüffeln zu können wie Sie ?

Ich warte auf Ihre Antwort.

Mit freundlichen Grüßen

Ihr Lehrling Knut

Sehr geehrter Kommissar Knorke,

als Ihr Fan bewundere ich, wie Sie Ihre Fälle lösen. Wenn Sie mit Ihrer Lupe kommen, sind Fehler chancenlos. Wie gerne hätte ich Ihre Spürnase! Was muss ich tun, um so schnüffeln zu können wie Sie?

Ich warte auf Ihre Antwort.

Mit freundlichen Grüßen

Ihr Lehrling Knut

❗ Die Schreibweise der Anredepronomen in Briefen bei Verwendung der Höflichkeitsform (groß) sollte mit den Kindern besprochen werden.

Anredepronomen in Briefen

Schreibe die Anredepronomen in dem Brief alle groß oder alle klein.

~~Du/du~~	~~Dir/dir~~	~~Dir/dir~~	~~Dir/dir~~	~~Deinen/deinen~~	~~Deine/deine~~	~~Deinem/deinem~~

Hallo Knut,

ich danke Dir/dir für Deinen/deinen Brief. Gerne verrate ich Dir/dir, wie Deine/deine Nase zur Fehlerspürnase wird. Lies häufig, schreibe häufig und übe, wenn es notwendig ist. Dann schnüffelst auch Du/du bald in der Königsklasse.

Ich drücke Dir/dir zwei Daumen.

Schreib mir bald mal wieder.

Liebe Schnüffelgrüße von Deinem/deinem Superkommissar

Hallo Knut,
ich danke Dir/dir für Deinen/deinen Brief.
Gerne verrate ich Dir/dir, wie Deine/deine
Nase zur Fehlerspürnase wird.
Lies häufig, schreibe häufig und übe, wenn
es notwendig ist. Dann schnüffelst auch
Du/du bald in der Königsklasse.
Ich drücke Dir/dir zwei Daumen.
Schreib mir bald mal wieder.
Liebe Schnüffelgrüße von Deinem/deinem
Superkommissar

! Die Schreibweise der Anredepronomen in Briefen ohne Verwendung der Höflichkeitsform (einheitlich groß oder klein) sollte mit den Kindern besprochen werden.

Quiz

Kreuze an.

Zu welchem der Wörter mit Ä/ä gibt es kein verwandtes Wort mit A/a?

- [ ] gefährlich
- [ ] Ärztin
- [x] Träne
- [ ] quälen

Welches Wort wird nicht mit ie geschrieben, obwohl der i-Laut lang gesprochen wird?

- [x] Maschine
- [ ] dick
- [ ] bisschen
- [ ] beginnen

Wie wird das Wort Brücke getrennt?

- [x] vor dem ck
- [ ] zwischen c und k
- [ ] nach dem ck
- [ ] gar nicht

Wie wird das Wort Impfung getrennt?

- [ ] vor dem pf
- [x] zwischen p und f
- [ ] nach dem pf
- [ ] gar nicht

Wie wird das Wort Fenster getrennt?

- [ ] vor dem st
- [x] zwischen s und t
- [ ] nach dem st
- [ ] gar nicht

Darf bei der Worttrennung ein einzelner Vokal (Igel, Elefant, Radio ...) abgetrennt werden?

- [ ] ja
- [x] nein
- [ ] manchmal
- [ ] weiß ich nicht

Nach einem Komma schreibt man

- [x] klein.
- [ ] groß.
- [ ] in Geheim- oder Spiegelschrift.

Das erste Wort der wörtlichen Rede nach einem Doppelpunkt schreibt man

- [ ] klein.
- [x] groß.
- [ ] mit einem roten Filzstift.

In Briefen schreibt man bei Verwendung der Höflichkeitsform die Anredepronomen (Sie, Ihnen ...)

- [ ] klein.
- [x] groß.
- [ ] entweder alle groß oder alle klein.

In Briefen an Freunde/Freundinnen schreibt man die Anredepronomen (Du/du, Dir/dir ...)

- [ ] klein.
- [ ] groß.
- [x] entweder alle groß oder alle klein.